図脳
RAPID
PRO
機械製図

橋口政弘
Hashiguchi Masahiro

ふくろう出版

はじめに

　近年，CAD による機械製図はごく一般的なものになってきているが，2D CAD と 3D CAD には，それぞれメリット，デメリットがある．前者は後者に比して，習熟期間の短かさや少ない導入費用といった利点を有しながら，これをマスターすることによって，一般的な製図に慣れ親しんだ技術者にとっても，極めて有力な設計ツールになりうる．

　本書で採り上げる図脳 RAPIDPRO は，20 年以上にわたって開発が続けられてきた国産 2D CAD のロングセラーであり，直感的な操作が可能な高機能 CAD であるが，その関連書籍は極めて少なく，操作マニュアル的なものや 20 年以上前の製図関連本がわずかに存在するのみである．

　そのため，今回新たに，製図の基礎を学ぶと共に図脳 RAPIDPRO による機械製図の習得を狙いとして本書を著した．

　具体的な本書のターゲットは，主として工業高校，工業高等専門学校，工業大学，総合大学の理工学部，職業訓練校などで機械設計・製図を学習している学生や，企業内の新人設計者である．

　本書の特徴としては，以下が挙げられる．

(a) JIS B 0001，JIS B 0021 等の製図規格類に関しては最新の情報を反映した

(b) 最初に機械製図の知識を丁寧に解説し，豊富な図例をもとに初学者でも理解しやすいようにした

(c) 演習中心の構成とし，それらをこなすうちに図脳 RAPIDPRO の基本操作が自然に身につくようにしている．さらに，すべての演習をやり終えることで，機械製図のスキルを実用レベルまで引き上げることを意図している

(d) 近年，重要性が認識されてきている「幾何公差」の解説に重点を置くとともに，最後の演習にそれらの具体的な適用例を入れ込んだ

　本書が機械設計に携わる読者にとって有用なものとなれば著者の喜びである．

※図脳 RAPIDPRO，図脳 RAPIDPRO21，図脳 RAPIDPRO18 は株式会社フォトロンの商標です．

目　次

1. 機械製図概論

本書は，国産 2D CAD の代表的ソフトウェアである図脳 RAPIDPRO による機械製図について解説する．機械製図に関しては，「手書き製図」を念頭に基本的内容に絞って述べる．CAD 製図に関しては，基本操作および作図演習に必要な内容に重点を置いて解説する．なお，機械製図に関しては優れた書籍が多く存在するので，必要に応じ，参考文献等で理解を深めていただきたい．

1.1 図面の概要

1.1.1 製図規格

日本産業規格（Japanese Industrial Standard：略称 JIS）では，製図に関する様々な規格が定められている．このうち，機械工業分野の製図規格として，JIS B0001 に "機械製図"，JIS B 3402 に "CAD 機械製図" がある．表 1.1 に製図に関連する主な規格を示す．

表 1.1　主な製図関連規格

規格番号[1]	規格名称	規格番号	規格名称
JIS Z 8310：2010	製図総則	JIS B 0005：1999	製図―転がり軸受け
JIS Z 8114：1999	製図―製図用語	JIS B 0041：1999	製図―センタ穴の簡略図示方法
JIS B 3401：1993	CAD 用語	JIS Z 3021：2016	溶接記号
JIS Z 8311：1998	製図―製図用紙のサイズおよび図面の様式	JIS B 0021：1998	製品の幾何特性仕様(GPS[2])―幾何公差表示方式
JIS Z 8312：1999	製図―表示の一般原則―線の基本原則	JIS B 0022：1984	幾何公差のためのデータム
JIS Z 8313：1998	製図―文字	JIS B 0023：1996	製図―幾何公差表示方式―最大実体公差方式および最小実体公差方式
JIS Z 8314：1998	製図―尺度	JIS B 0024：2019	(GPS)―基本原則―GPS 指示に関わる概念，原則および規則
JIS Z 8315：1999	製図―投影法	JIS B 0025：1998	製図―幾何公差表示方式―位置度公差方式
JIS Z 8316：1999	製図―図形の表し方原則	JIS B 0027：2000	製図―輪郭の寸法および公差の表示方式
JIS Z 8317-1：2008	製図―寸法および公差の記入方法	JIS B 0419：1991	普通公差
JIS Z 8318：2013	製品の技術文書情報(TPD)―長さ寸法および角度寸法の許容限界の指示	JIS B 0401-1：2016	(GPS)―サイズ公差，サイズ差およびはめあいの基礎
JIS Z 8322：2003	製図―表示の一般原則―引出線および参照線の基本事項と適用	JIS B 0401-2：2016	(GPS)―穴および軸の許容差並びに基本サイズ公差クラスの表
JIS B 0001：2019	機械製図	JIS B 0405：1991	普通公差

---

[1] 末尾の 4 桁の数字は最新の規格制定の年度を表す
[2] （GPS）：製品の幾何特性仕様（GPS）のこと

JIS B 3402 : 2000	CAD 機械製図	JIS B 0420-1 : 2016	(GPS)—寸法の公差表示方式—長さに関わるサイズ
JIS B 0002 : 1998	製図—ねじおよびねじ部品	JIS B 0420-2 : 2020	(GPS)—寸法の公差表示方式—長さまたは角度関わるサイズ以外の寸法
JIS B 0003 : 2012	歯車製図	JIS B 0420-3 : 2020	(GPS)—寸法の公差表示方式—角度に関わるサイズ
JIS B 0004 : 2007	バネ製図	JIS B 0031 : 2003	(GPS)—表面性状の図示方法

1.1.2 図面の様式

表 1.2

単位　mm

呼び方	大きさ a×b
A0	841×1189
A1	594×841
A2	420×594
A3	297×420
A4	210×297

(1) 図面の大きさ

図面の大きさは，表 1.2 に示すように，A 列サイズの A0 から A4 までを用いる．特に横に長い用紙が必要な場合は，JIS B 0001，JIS Z 8311 に特別延長サイズが規定されているので，そちらを用いる．

(2) 輪郭および輪郭線

図面には，表 1.3 の寸法によって，線の太さが最小 0.5mm の輪郭線を設ける．

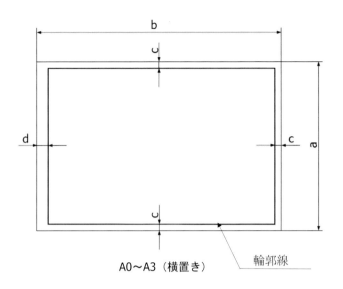

A0〜A3（横置き）　輪郭線

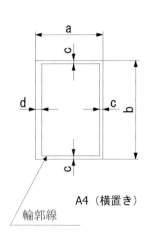

A4（横置き）

輪郭線

表 1.3

用紙サイズ	c（最小）	d a)（最小）	
		とじない場合	とじる場合
A0	20	20	20
A1			
A2	10	10	
A3			
A4			
注 a）d の部分は，図面をとじるために折りたたんだとき，標題欄の左側になるように設ける． なお，A4 サイズの図面用紙を横置きに使用する場合には，d の部分は上側になる．			

(3) 表題欄

　図面には，その右下隅に表題欄を設け，図面番号，図名，図面作成年月日，尺度などを記入する．ただし，本書では CAD を使いこなすことに力点をおいているので，輪郭線は細い実線とし，表題欄についての記述は省略した．

1.1.3 尺度

　図形の大きさ（長さ）と実物の大きさ（長さ）との割合を尺度(scale)という．機械製図に用いる尺度には，現尺(full scale)，倍尺（enlargement scale），縮尺（reduction scale）の3種類があるが，できるだけ現尺を用いるのがよい．

表 1.4

尺度の種類	尺度（$A:B$）　　（　）は中間の尺度
現尺	$1:1$
倍尺	$2:1$，$5:1$，$10:1$，$20:1$，$50:1$
縮尺	$1:2$，$(1:3)$，$(1:4)$，$1:5$，$(1:6)$，$1:10$，$1:20$，$1:50$，$1:100$，$1:200$，$1:500$，$1:1000$

備考　A（図面上の長さ）：B（実物の長さ）
中間の尺度については，JIS Z 8314 を参照のこと

1.2　線と文字

1.2.1　線の種類

　図面で用いる線の種類には，実線，破線，一点鎖線，二点鎖線の4種類がある．また，線の太さは，細線，太線，極太線の三つの太さの段階がある．同じ図面の中での線の太さは，細線：太線：極太線＝1:2:4の割合とし，極太線は特殊な用途の線として用いる．
　表 1.5 によく使う線の種類・太さとその用途を示す．

表 1.5

線の種類	定義	一般的な用途
A ———————	太い実線	A1 見える部分の外形線 A2 見える部分の稜を表す線
B ———————	細い実線（直線または曲線）	B2 寸法線 B3 寸法補助線 B4 引出線 B5 ハッチング B6 図形内に表す回転断面の外径 B7 短い中心線
C ∼∼∼∼∼	フリーハンドの細い実線(1)	C1 対象物の一部を破った境界，または一部を取り去った境界を表す線（図**参照）
E - - - - - - F - - - - - - - -	太い破線 細い破線	E1 隠れた部分の外形線 E2 隠れた部分の稜を表す線 F1 隠れた部分の外形線 F2 隠れた部分の稜を表す線

G	![細い一点鎖線]	細い一点鎖線	C1 図形の中心を表す線（中心線） G2 対象を表す線 G3 移動した軌跡を表す線
H	![細い一点鎖線で端部を太くした線]	細い一点鎖線で，端部および方向の変わる部分を太くしたもの	H1 断面位置を表す線
J	![太い一点鎖線]	太い一点鎖線	J1 特別な要求事項を適用すべき範囲を表す線
K	![細い二点鎖線]	細い二点鎖線	K1 隣接する部品の外形線 K2 可動部分の可動中の特定の位置または可動の限界の位置を表す線（想像線） K3 重心を連ねた線（重心線） K4 加工前の部品の外形線（図***参照） K5 切断面の前方に位置する部品を表す線（図***参照）

注(1)　他にも細いジグザグ線も規定されているがここでは省略した．

(1) 重なる線の優先順位

２種類以上の線が重なる場合には，次に示す順位に従って，優先する種類の線で描く（図 1-1 参照）
本文ダミー

- ■ 見える外形線および稜線（太い実線；線の種類 A）
- ■ 隠れた外形線および稜線（線；線の種類 E または線の種類 F）
- ■ 切断位置を表す線（細い一点鎖線，端部および方向の変わる部分を太くしたもの；線の種類 H）
- ■ 中心線および対称を示す線（細い一点鎖線；線の種類 G）
- ■ 重心を連ねた線（重心線）（細い二点鎖線；線の種類 K）
- ■ 寸法補助線（細い実線;線の種類 B）

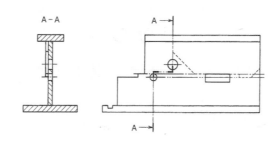

図 1-1　線の優先順位

1.2.2　図形の表し方

(1) 投影法

日本の工業製図においては，第三角法による投影法を適用している．以降，JIS Z 8316 の記述を引用する．

「投影図は，第三角法による．ただし，紙面の都合などで，投影図を第三角法による正しい配置に描けない場合，又は図の一部を第三角法による位置に描くと，かえって図形が理解しにくくなる場合には，第一角法又は相互の関係を 8.5 に示す矢示法（"やしほう" と読む.）を用いてもよい.」

(2) 第三角法

機械製図は第三角法によって描く．通常，投影対象物の形をもっとも想像しやすい面を主投影図（正面図）として選び，これを描く．図 1-2 の場合は，A 方向からの投影図である正面図 A である．

次に，主投影図を補足する他の投影図を描く．ただし，この場合，他の投影図はできるだけ少なくする．図 1-2 の場合は，主投影図の真上に平面図 B があり，右側に右側面図 D が並ぶ．図 1-2 の投影対象物の場合は，正面図 A，平面図 B，右側面図 D の三つの図面で明確にその形状を表すことができる．また，補足する投影図を配置する場合は，なるべく隠れ線を用いないでするようにする．

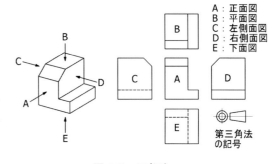

図 1-2　三角法

なお，投影法が第三角法であることを明示するために，"第三角法の記号" を表題欄もしくはその近傍に描いておく．

　なお，投影法が第三角法であることを明示するために，"第三角法の記号"を表題欄もしくはその近傍に描いておく．

(3) 部分投影図

　図の一部を示せば理解できる場合には，その必要な部分だけを部分投影図として表す．この場合には，省いた部分との境界を破断線で示す（図1-3参照）．ただし，明確な場合には破断線を省略してもよい．

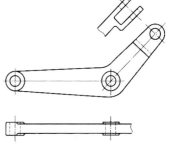

図 1-3　部分投影図の例

(4) 局部投影図

　対象物の穴，溝など一局部だけの形を図示すれば理解できる場合には，その必要部分を局部投影図として表す．投影関係は，主となる図に中心線，基準線，寸法補助線などで結びつけて示す（図1-4および図1-5参照）．

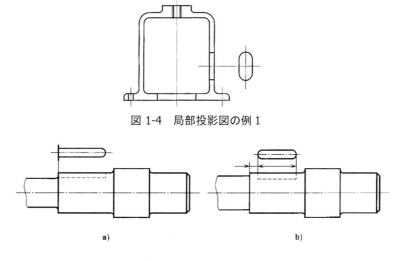

図 1-4　局部投影図の例 1

図 1-5　局部投影図の例

(5) 回転投影図

　投影面にある角度をもっているために，その実形が表れないときには，その部分を回転して，その実形を図示してもよい（図1-6のa）およびb）参照）．

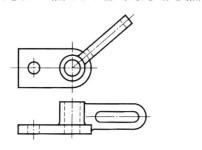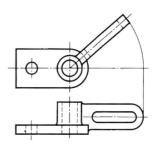

a) 作図に用いた線を残さない例　　　　b) 作図に用いた線を残した例

図 1-6　回転投影図の例

(6) 補助投影図

斜面部がある対象物で，その斜面の実形を表す必要が
ある場合には，その傾斜面に対向する位置に必要な部分
だけを補助投影図で表す（図 1-7 参照）.

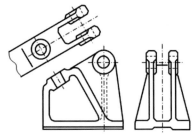

図 1-7　補助投影図の例

紙面の都合などで，補助投影図をその位置に表せない場合は，図 1-8 a) のように矢示法を用い，その
旨を矢印とラテン文字（大文字）で示す．ただし，図 1-8 b) のように，折り曲げた中心線で結び，投影
関係を示してもよい.

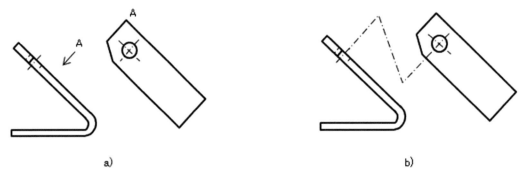

図 1-8　補助投影図を用いた例

(7) 断面図

(a) 一般事項

隠れた部分をわかりやすく示すために，断面図として図示することができる．断面図の図形は，その
形状をもっともよく表す断面で切断して，切断面の手前の部分を取り去って描くことで内部の形状をわ
かりやすく表すことができる.

ただし，以下については長手方向には切断しない.

- ■　切断すると理解を妨げるもの
　　例：リブ，アーム，歯車の歯
- ■　切断しても意味がないもの
　　例：軸，ピン，ボルト，ナット，小ねじ，玉（鋼球など）
　　図 1-9 に切断しない例を示す.

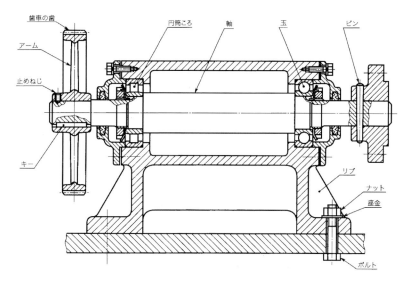

図 1-9　切断しない例

　切断面の位置を指示する必要がある場合には，両端および切断方向の変わる部分を太くした細い一点鎖線を用いて指示する．投影方向を示す必要がある場合には，細い一点鎖線の両端に投影方向を示す矢印を描く．切断面を識別する必要がある場合には，矢印によって投影方向を示し，ラテン文字の大文字などによって指示し，参照する断面の識別記号は矢印の端に記入する（図 1-10 参照）．断面の識別記号（例えば A−A）は，断面図の直上または直下に示す．

同じ切断面状に現れる同一部品の切り口にハッチングを施す場合は，同一のハッチングを施す．ただし，階段状の切断面の各段に現れる部分を区別する必要がある場合には，ハッチングをずらしてもよい．

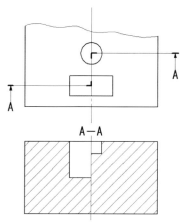

図 1-10　断面の指示およびハッチングをずらした例

　隣接する切り口のハッチングは，線の向きもしくは角度を変えるか，または，その間隔を変えて区別する（図 1-11 および図 1-12 参照）．

切り口の面積が広い場合には，その外形線に沿って，適切な範囲にハッチングを施す
（図 1-12）.

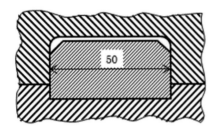

図 1-11　線の向きおよび中断したハッチングの例

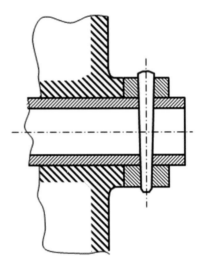

図 1-12　外形線に沿った線の向き
および間隔を変えたハッチングの例

(b) 全断面図

　対象物の形状を最もよく表す切断面で切断して省略することなく描いた断面を全断面図という．原則として対称中心線で切断し，切断線は記入しない．

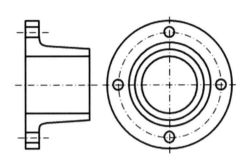

図 1-13　全断面図の例 1

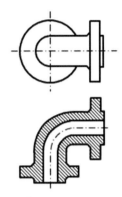

図 1-14　全断面図の例 2

　必要に応じて対称中心線以外のところで切断してもよい．この場合，切断線によって切断位置を示す（図 1-15 参照）．

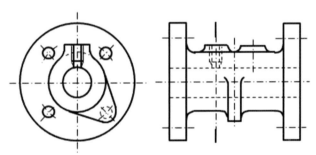

図 1-15　切断位置を示す例

(c) 片側断面図

　対称形の対象物は，外形図の半分と全断面図半分とを組み合わせて表してもよい（図 1-16 参照）．片側断面図にする場合，一般的には，上下対称の図形では上側を，左右対称の図形では右側を断面図とする．

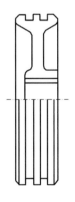

図 1-16　片側断面図の例

(d) 部分断面図

　外形図において，必要とする箇所の一部だけを部分断面図として表してもよい．この場合，破断線によってその境界を示す（図 1-17 参照）．

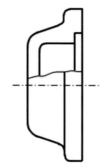

図 1-17　部分断面図の例

　図 1-18 b）のように描くと，めねじの中心が軸線と同じ平面上にあることがわかりにくいため，してはならない．

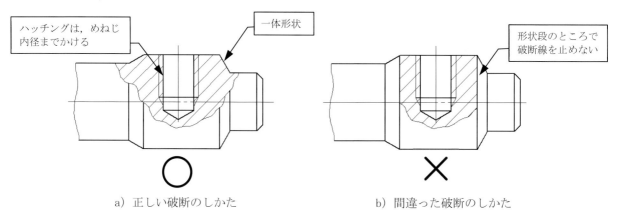

ハッチングは，めねじ内径までかける

一体形状

形状段のところで破断線を止めない

a）正しい破断のしかた　　　　　　　　b）間違った破断のしかた

図 1-18　部分断面での破断線の描き方

(e) 回転図示断面図

　描いた図の投影面に垂直な切断面で描いた切り口を，90 度回転してその投影図に描いてよい（図 1-19）．

　断面箇所の前後を破断して，その間に描く（図 1-19 参照）．

a）　　　　　　　　　　　　　　　　　　　　b）

図 1-19　破断して断面を回転図示する例

切断線の延長線上に描く（図 1-20 参照）

図 1-20　切断線の延長線上に断面を描く例

図形内の切断箇所に重ねて，細い実線を用いて描く（図 1-21 および図 1-22 参照）

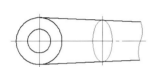

図 1-21　切断箇所に断面を描く例 1

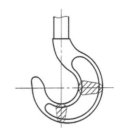

図 1-22　切断箇所に断面を描く例

(f)　組み合わせによる断面図

　二つ以上の切断面による断面図を組み合わせて行う断面図示は以下による．

　なお，この場合，必要に応じて断面を見る方向を示す矢印およびラテン文字の大文字の文字記号を付ける（図 1-23 参照）．

　対称形またはこれに近い形の対象物の場合には，対称の中心線を境にして，その片側を投影面に平行に切断し，他の側を投影面とある角度をもって切断できる．この場合，角度をもった切断面は，その角度だけ投影面の方に回転移動して図示する（図 1-23 参照）．

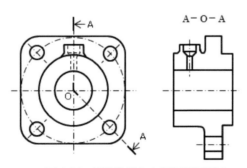

図 1-23　回転移動した断面図示例 1

断面図は，平行な二つ以上の平面で切断した断面図の必要部分だけを合成して図示できる．この場合，切断線によって切断して位置を示し，組合せによる断面図であることを示すために，二つの切断線を任意の位置でつなぐ（図 1-24 参照）．

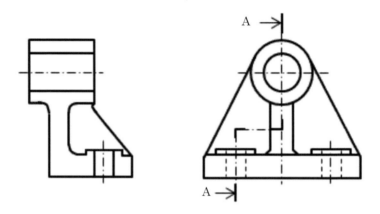

図 1-24　必要部分を合成した断面図示例

　曲管などの断面を表す場合には，その曲管の中心線に沿って切断し，そのまま投影してもよい（図 1-25 参照）．

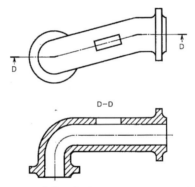

図 1-25　曲管の組合せによる断面図示例

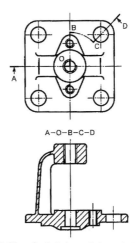

図 1-26　複数の方法を組み合わせた断面図示例

　断面図は，必要に応じて，図 1-23，図 1-24，図 1-26 の方法を組み合わせて表してもよい．

(g)　多数の断面図による図示

　複雑な形状の対象物を表す場合は，必要に応じて多数の断面図を描いてもよい（図 1-27 および図 1-28 参照）．

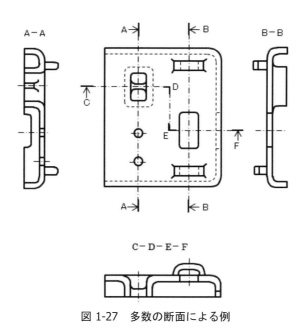

図 1-27　多数の断面による例

　一連の断面図は，寸法の記入および断面の理解がしやすいように，投影の向きを合わせて描くのがよい．この場合には，切断線の延長線上（図 1-28 参照）もしくは中心線上に配置するのがよい．

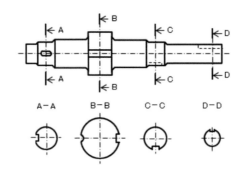

図 1-28　切断線の延長線上に断面図を置く例

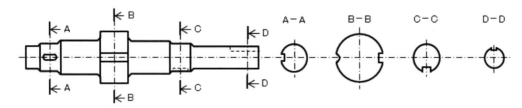

図 1-29　主中心線上に断面図を置く例

(8)　部分拡大図

　図面の中のある特定部分の詳細な図示，寸法など
の記入ができないときは，部分拡大図で描く．この
場合，拡大したい部分を細い実線で囲んで英大文字
を付記し，該当部分の拡大図を別の箇所に描くとと
もに表示の文字と尺度を付記する．ただし，尺度を
示す必要がない場合は，尺度の代わりに“拡大図”
と付記してもよい．

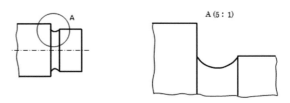

図 1-30　部分拡大図の例

(9)　図形の省略

(a)　対称図形の省略

　対称図形は，対称中心線の片側の図形を省略することができる．
その場合，対称図形であることを示す意味で，図 1-31 のように，
対称中心線の両端部に短い 2 本の並行細線（対称図示記号）を付け
る．なお，対称中心線を少しこえた部分まで描くときは，対称図示
記号を省略してもよい．

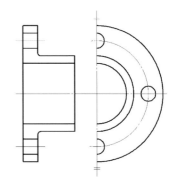

図 1-31　対称図示記号の使用例

(b) 繰返し図形の省略

同じ図形を繰返して描く場合は，図 1-32 に示すように図形の一部を省略できる．

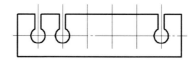

図 1-32　繰返し図形の省略

(10)特殊な図示方法

(a) 二つの面の交わり部

二つの面が交わる部分に丸みがあり，かつ，この部分を表す必要がある場合は，二つの面の交わる位置を太い実線で表す．この太い実線は図 1-33 の a）のように外形線とつなげるのが一般的であるが，稜線に丸みがある場合には，同図 b）のように両端にすきまを設けてもよい．

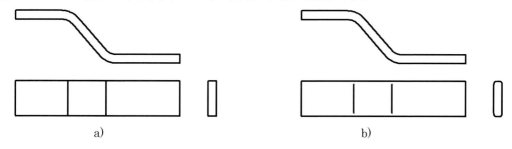

a)　　　　　　　　　　　　　　　　　b)

図 1-33　面の突き合わせ部の図示

(b) 平面部分

図形内の特定の部分が平面であることを示す必要がある場合には，細い実線で対角線を記入する（図 1-34 参照）

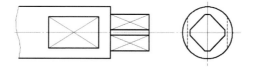

図 1-34　平面部分の図示例

(c) 加工・処理範囲の限定

対象物の面の一部分に特殊な加工を施す場合には，その範囲を外形線に平行に僅かに離して引いた太い一点鎖線によって示してもよい（**図 1-35** 参照）．

高周波焼入れ

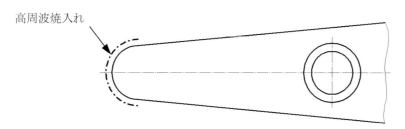

図 1-35　限定範囲の図示例

1.2.3 寸法の表し方

(1) 一般事項

寸法記入に際しては，次の一般事項による.

(a) 対象物の機能，製作，組立などを考えて，図面に必要
不可欠な寸法を明瞭に指示する.

(b) 対象物の大きさ，姿勢および位置を最も明確に表すために
必要で十分な寸法を記入する.

(c) 寸法は，寸法線，寸法補助線，寸法補助記号などを用いて
寸法数値によって示す（図 1-36 参照）.

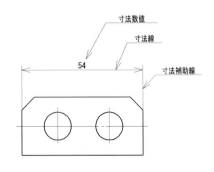

図 1-36 寸法数値・寸法線・寸法補助線

(d) 寸法は，なるべく主投影図に集中して指示する.

(e) 図面には，特に明示しない限り，その図面に図示した対象物の仕上がり寸法を示す.

(f) 寸法はなるべく計算して求める必要がないように記入する.

(g) 加工または組立の際に，基準とする形体がある場合には，その形体を基にして寸法を記入する
（図 1-37 参照）.

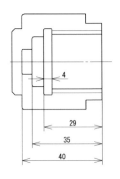

図 1-37 基準からの寸法の図示例

(h) 寸法は，なるべく工程ごとに配列を分けて記入する（図 1-38 参照）.

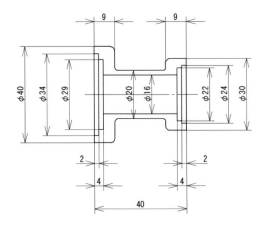

図 1-38 工程ごとに寸法を配列した例

18

(2) 寸法数値の表し方

(a) 長さの寸法数値は，通常はミリメートル単位で記入し，単位記号は付けない．

(b) 角度寸法の数値は，一般に度の単位で記入し，必要がある場合には，分および秒を併記してもよい
（例：$18°$，$22.5°$，$23° 30' 10''$）．

ラジアンの単位で記入する場合には，その単位記号 rad を記入する．

(c) 中心で円形を（等）分割する中心線に対して $30°$，$45°$，$60°$，$90°$，$120°$，$180°$ の角度に
は，通常，数値を記入しない．ただし，幾何公差の位置度公差，傾斜度公差には必要である．

(3) 寸法の配置

(a) 直列寸法記入法

直列に連なる個々の寸法に与えられる公差が，逐次累積してもよいような場合に適用する
（図 1-39 参照）．

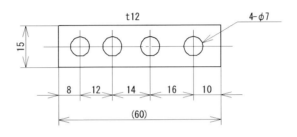

図 1-39　直列寸法記入法の例

(b) 並列寸法記入法

並列に寸法を記入するので，個々の寸法に与えられる公差が他の寸法の公差に影響を与えることは
ない（図 1-40 参照）．この場合，共通側の寸法補助線の位置は，機能・加工などの条件を考慮して適切
に選ぶ．

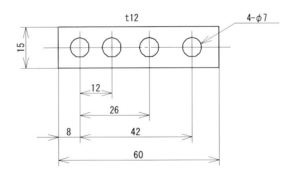

図 1-40　並列寸法記入の例

(c) 累進寸法記入法

累進寸法記入法は，並列寸法記入法と全く同等の意味を持ちながら，一つの形体から次の形体へ寸法線をつないで，1本の連続した寸法線を用いて簡便に表示することができる．この場合，寸法の起点の位置は，起点記号"○"で示し，寸法線の他端は矢印で示す（図 1-41 参照）.

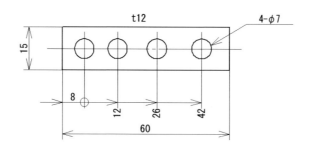

図 1-41　累進寸法記入法の例

(d) 弦・円弧の長さ・角度寸法の表し方

■　弦の長さ寸法の表し方

弦に直角に寸法補助線を引き，弦に平行な寸法線用いて表す（図 1-42 参照）.

■　円弧の長さの表し方

弦の場合と同様な寸法補助線を引き，その円弧と同心の円弧を寸法線として引き，寸法数値の前または上に円弧の長さの記号⌒を付ける（図 1-43 参照）.

円弧を構成する角度が大きいときは，円弧の中心から放射状に引いた寸法補助線に寸法線を当ててもよい．ただしこの場合，図 1-44 の角度の寸法を記入する場合と紛らわしいので，円弧の長さの記号⌒は必ず付ける.

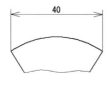

図 1-42　弦の長さの図示例

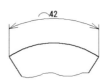

図 1-43　円弧の長さの図示例

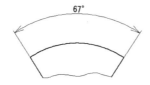

図 1-44　角度の寸法の図示例

(4) 穴の寸法の表し方

　穴の加工方法を明示するときは，穴の直径を示す寸法のあとにその加工方法の区分を記す
（図 1-45）．表 1.6 にいくつかの加工方法とその簡略表示を示す．

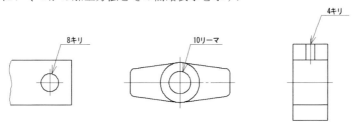

図 1-45

表 1.6　穴の加工方法の簡略表示

加工方法	簡略表示
鋳放し	イヌキ
プレス抜き	打ヌキ
きりもみ（穴加工）	キリ
リーマ仕上げ	リーマ

　キリ，リーマなどの指示がある場合には，呼びの数値の前には寸法補助記号 "φ" は付記しない．

(5) 寸法線に用いる端末記号

　JIS Z 8317-1 では，寸法線の端末記号として複数の記号を規定している．

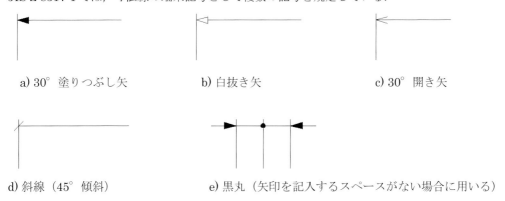

a) 30° 塗りつぶし矢　　　b) 白抜き矢　　　c) 30° 開き矢

d) 斜線（45° 傾斜）　　　e) 黒丸（矢印を記入するスペースがない場合に用いる）

図 1-46　JIS Z 8317-1 の端末記号

　なお，JIS Z 8317-1 では上記の他に 90° 開き矢も規定されているが，図脳 RAPIDPRO ではサポートされていないので，ここでは省略する．また，本書の参考図においては端末記号 a) および b) が混在しているが，実際の図面中では，統一すべきである．

(6) 形状を表す記号（寸法補助記号）

　寸法の付いた形状をより明確にするために，表 1.7 の寸法補助記号を寸法数字と同じ大きさで寸法数字の前に付ける．

表 1.7　寸法補助記号

記号	意味	呼び方
φ	180°を超える円弧の直径または円の直径	"まる" または "ふぁい"
Sφ	180°を超える球の円弧の直径または球の直径	"えすまる" または "えすふぁい"
□	正方形の辺	"かく"
R	半径	"あーる"
※ CR	コントロール半径 (1)	"しーあーる"
SR	球半径	"えすあーる"
⌒	円弧の長さ	"えんこ"
C	45°の面取り	"しー"
t	厚さ	"てぃー"
※ ⊔	ざぐり、深ざぐり	"ざぐり"、"ふかざぐり"
※ ∨	皿ざぐり	"さらざぐり"
※ ▽	穴深さ	"あなふかさ"

注釈

※：JIS B 0001：2010 で新たに加えられた用途の名称

（1）コントロール半径：直線部と半径曲線部との接続部がなめらかにつながり，最大許容半径と最小許容半径との間に半径が存在するように規制する半径.

　ただし，図脳 RAPIDPRO においては，表 1.7 の「ざぐり」，「皿ざぐり」，「穴深さ」の寸法補助記号は現時点でサポートされていない[3]ので，図 1-47 のように JIS B 0001：2010 改訂前の旧表記法で図示する必要がある.

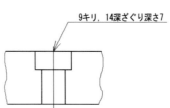

図 1-47　深ざぐり表記法

---

[3] 本誌執筆時点では，図脳 RAPIDPRO21 による.

1.2.4　サイズとサイズ公差およびはめあい

　従来，わが国において機械設計を行う場合に依拠した規格は，JIS B 0401：1998「寸法公差および
はめあいの方式」であり，これにもとづいて図面を描き，「幾何公差」に関しては，特に設計者が必要と
考えた場合にのみ指定部分に記入する方法で設計・製図が行われてきた.

(1)　サイズとサイズ形体

　Z 8114：1999 製図−製図用語の 2.3.5 寸法などに関する用語においてサイズは，「決められた単位・
方法で表した大きさ寸法」と定義されている. なお，ここでの大きさは長さや角度を指す.

　またサイズ形体は，B 0401-1：2016 において，「長さまたは角度に関わるサイズによって定義された
幾何学的形状」と定義されている. さらに，サイズ形体には円筒，球，相対する並行二平面などがある
とも記載されている.「相対する」とはわかりにくいが，対向する二平面と理解しておけばよい.

(2)　サイズ公差

　サイズ公差は，JIS B 0401-1：2016（製品の幾何特性仕様（GPS）−長さに関わるサイズ公差の ISO
コード方式−第 1 部：サイズ公差，サイズ差およびはめあいの基礎）の 3.2.8 で，上の許容サイズと下
の許容サイズとの差と定義している（図 1-48）.

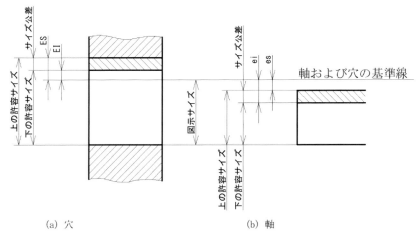

ES, es ：穴，軸の「上の許容差」
EI, ei ：穴，軸の「下の許容差」

最小すき間 ＝ 穴の下の許容サイズ−軸の上の許容サイズ
最大すきま ＝ 穴の上の許容サイズ−軸の下の許容サイズ
上の許容サイズ−下の許容サイズ＝サイズ公差

図 1-48　サイズ公差

(3)　はめあい

　軸と穴，キーとキー溝などの組合せで使用される関係を，はめあいと呼ぶ.

　はめあいにおいて，必ずすきまができ，両者が自由に滑動することができるものをすきまばめとい
う.

　また，はめあいにおいて，必ずしめしろができ，両者が固くはまりあって動かないものを締まりばめ
という.

　なおこれらの中間の状態として，ごく小さいすきま，あるいはしめしろがある場合のはめあいを，中
間ばめという.（以上，出典：基礎製図第 6 版）

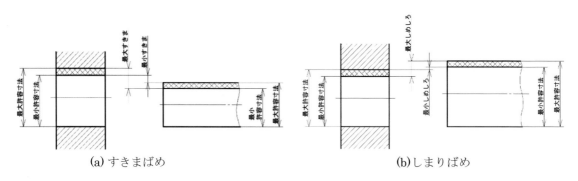

(a) すきまばめ   (b) しまりばめ

図 1-49 実際のすきまおよびしめしろ

(4) はめあい方式の種類

軸か穴かどちらかを一定にして，もう片方で調整し，はめあいの程度を考えることができる．これには次の，穴基準はめあいと軸基準はめあいの二つの方式がある．

(a) 穴基準はめあい方式

種々の公差域クラスの軸と一つの公差域クラスの穴を組み合わせることによって，必要なすきま，またはしめしろを与えるはめあい方式（図 1-50）．ISO や JIS では，H 穴の下の許容差が図示サイズと一致する．穴と軸とを比べれば軸の方が加工調整しやすいので，この方式が採用されることが圧倒的に多い．

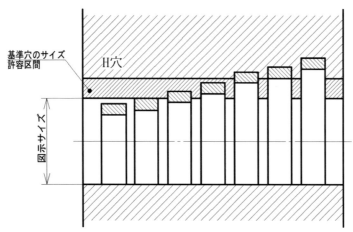

図 1-50　穴基準はめあい（JIS B 0401-1：2021）

(b) 軸基準はめあい方式

　種々の公差域クラスの穴と一つの公差域クラスとの軸を組み合わせることによって，必要なすきま，またはしめしろを与えるはめあい方式（図1-51）．ISOやJISでは，h軸の上の許容差が0であるはめあい方式である．

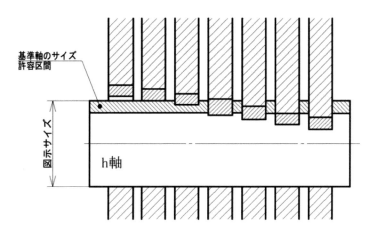

図 1-51　軸基準はめあい（JIS B 0401-1：2021）

(5) 公差クラスの表し方

　公差クラスは，穴の場合，図示サイズの次にAからZCまでの大文字記号で，軸の場合はaからzcまでの小文字記号で表される．ただし，誤読を避けるため，大文字記号 I，L，O，Q，Wおよび小文字記号 i，l，o，q，wは使用しない（図1-52および図1-53）．このラテン文字は，図示サイズに対する位置と方向を示すものと理解すればよい．Hおよびhが0位置（図示サイズ位置）に接するはめあい状態である．

　ラテン文字の次の数字は，表1.8に示す基本サイズ公差等級 IT（International Tolerance の略）の数値で，等級と図示サイズで公差幅が規定されている．

表 1.8　図示サイズに対する基本サイズ公差等級 IT の数値

図示サイズ (mm)		基本サイズ公差等級																	
を越え	以下	IT1	IT2	IT3	IT4	IT5	IT6	IT7	IT8	IT9	IT10	IT11	IT12	IT13	IT14	IT15	IT16	IT17	IT18
		基本サイズ公差値																	
		μm											mm						
	3	0.8	1.2	2	3	4	6	10	14	25	40	60	0.1	0.14	0.25	0.4	0.6	1	1.4
3	6	1	1.5	2.5	4	5	8	12	18	30	48	75	0.12	0.18	0.3	0.48	0.75	1.2	1.8
6	10	1	1.5	2.5	4	6	9	15	22	36	58	90	0.15	0.22	0.36	0.58	0.9	1.5	2.2
10	18	1.2	2	3	5	8	11	18	27	43	70	110	0.18	0.27	0.43	0.7	1.1	1.8	2.7
18	30	1.5	2.5	1	6	9	13	21	33	52	84	130	0.21	0.33	0.52	0.84	1.3	2.1	3.3
30	50	1.5	2.5	1	7	11	16	25	39	62	100	160	0.25	0.39	0.62	1	1.6	2.5	3.9
50	80	2	3	5	8	13	19	30	46	74	120	190	0.3	0.46	0.74	1.2	1.9	3	4.6
80	120	2.5	4	6	10	15	22	35	54	87	140	220	0.35	0.54	0.87	1.4	2.2	3.5	5.4
120	180	3.5	5	8	12	18	25	40	63	100	160	250	0.4	0.63	1	1.6	2.5	4	6.3
180	250	4.5	7	10	14	20	29	46	72	115	185	290	0.46	0.72	1.15	1.85	2.9	4.6	7.2
250	315	6	8	12	16	23	32	52	81	130	210	320	0.52	0.81	1.3	2.1	3.2	5.2	8.1
315	400	7	9	13	18	25	36	57	89	140	230	360	0.57	0.89	1.4	2.3	3.6	5.7	8.9
400	500	8	10	15	20	27	40	63	97	155	250	400	0.63	0.97	1.55	2.5	4	6.3	9.7
500	630	9	11	16	22	32	44	70	110	175	280	440	0.7	1.1	1.75	2.8	4.4	7	11
630	800	10	13	18	25	36	50	80	125	200	320	500	0.8	1.25	2	3.2	5	8	12.5
800	1000	11	15	21	28	40	56	90	140	230	360	560	0.6	1.4	2.3	3.6	5.6	9	14
1000	1250	13	18	24	33	47	66	105	165	260	420	660	1.05	1.65	2.6	4.2	6.6	10.5	16.5
1250	1600	15	21	29	39	55	78	125	195	310	500	780	1.25	1.95	3.1	5	7.8	12.5	19.5
1600	2000	18	25	35	46	65	92	150	230	370	600	920	1.5	2.3	3.7	6	9.2	15	23
2000	2500	22	30	41	55	78	110	175	280	440	700	1100	1.75	2.8	4.4	7	11	17.5	28
2500	3150	26	36	50	68	96	135	210	330	540	860	1350	2.1	3.3	5.4	8.6	13.5	21	33

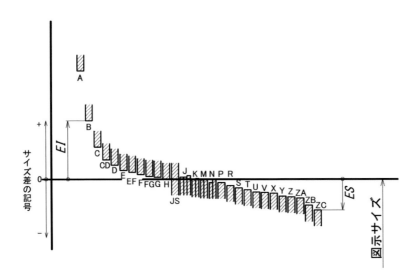

図 1-52　*EI, ES*　穴の基礎となる許容差の例

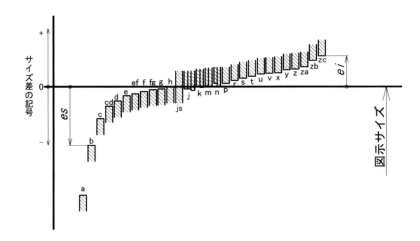

図 1-53　*ei, es*　軸の基礎となる許容差の例

(6) 経験によるはめあい方式

　通常の技術的目的においては，多くの組合せ可能なはめあいがある中で，必要となる組合せは限られる．表 1.9 および表 1.10 は，多くの場合に用いられるはめあいを示す．経済的な理由から，はめあいのための最初の選択肢は，できるかぎり枠で囲まれた公差クラスの中から選ぶのがよい．

表 1.9　推奨する穴基準はめあい方式でのはめあい状態

穴基準	軸の公差クラス														
	すきまばめ						中間ばめ				しまりばめ					
H6					g5	h5	js5	k5	m5		n5	p5				
H7				f6	g6	h6	js6	k6	m6	n6	p6	r6	s6	t6	u6	x6
H8			e7	f7		h7	js7	k7	m7				s7		u7	
		d8	e8	f8		h8										
H9			d8	e8	f8		h8									
H10	b9	c9	d9	e9			h9									
H11	b11	c11	d10				h10									

表 1.10　推奨する軸基準はめあい方式でのはめあい状態

軸基準	穴の公差クラス														
	すきまばめ						中間ばめ				しまりばめ					
h5					G6	H6	JS6	K6	M6		N6	P6				
h6				F7	G7	H7	JS7	K7	M7	N7		P7	R7	S7	T7	U7	X7
h7			E8	F8		H8										
h8		D9	E9	F9		H9										
h9			E8	F8		H8										
	DD	DD	D9	E9	F9		H9									
	B11	C10	D10				H10									

(7) サイズおよびサイズ公差

サイズおよびサイズ公差の主な指定方法は以下である.

(a) 図示サイズ±許容差

例： $150\ {}^{\ 0}_{-0.2}$ $\phi 38\ {}^{+0.2}_{-0.1}$ 55 ± 0.2

(b) 図示サイズとそれに続く公差クラス（JIS B 0401-1 の ISO コード方式）

例： 68 H8 $\phi 67\, k6$

(c) 上および下の許容サイズの値

例：

85.2	29.000	120.2
84.8	28.928	119.8

注記 公差クラスの記号の後に，補助的な情報として＋，－の許容差をカッコ書きで追加してもよい．また，＋，－の許容差の後に公差クラスの記号をカッコ書きで追加してもよい.

例： $32\text{H7}\begin{bmatrix}+0.025\\0\end{bmatrix}$ $32\ {}^{+0.025}_{\ \ 0}\ \ (\text{H7})$

表 1.11　経験によるはめあいの穴と軸に対する許容差（JIS B 0401-2 より抜粋）

軸に対する許容差（mm）

図示サイズの区分 (mm) 超え	以下	d8	d9	e7	e8	e9	f6	f7	f8	g5	g6	h6	h7	h8	h9	h10	js5	js6	js7	j5	j6	j7	k5	k6	m5	m6	n6	p6
—	3	-20 / -34	-20 / -45	-14 / -24	-14 / -28	-14 / -39	-6 / -12	-6 / -16	-6 / -20	-2 / -6	-2 / -8	0 / -6	0 / -10	0 / -14	0 / -25	0 / -40	±2	±3	±5	+2 / -2	+4 / -2	+6 / -4	+4 / 0	+6 / 0	+6 / +2	+8 / +2	+10 / +4	+12 / +6
3	6	-30 / -48	-30 / -60	-20 / -32	-20 / -38	-20 / -50	-10 / -18	-10 / -22	-10 / -28	-4 / -9	-4 / -12	0 / -8	0 / -12	0 / -18	0 / -30	0 / -48	±2.5	±4	±6	+3 / -2	+6 / -2	+8 / -4	+6 / +1	+9 / +1	+9 / +4	+12 / +4	+16 / +8	+20 / +12
6	10	-40 / -62	-40 / -76	-25 / -40	-25 / -47	-25 / -61	-13 / -22	-13 / -28	-13 / -35	-5 / -11	-5 / -14	0 / -9	0 / -15	0 / -22	0 / -36	0 / -58	±3	±4.5	±7.5	+4 / -2	+7 / -2	+10 / -5	+7 / +1	+10 / +1	+12 / +6	+15 / +6	+19 / +10	+24 / +15
10	18	-50 / -77	-50 / -93	-32 / -50	-32 / -59	-32 / -75	-16 / -27	-16 / -34	-16 / -43	-6 / -14	-6 / -17	0 / -11	0 / -18	0 / -27	0 / -43	0 / -70	±4	±5.5	±9	+5 / -3	+8 / -3	+12 / -6	+9 / +1	+12 / +1	+15 / +7	+18 / +7	+23 / +12	+29 / +18
18	30	-65 / -98	-65 / -117	-40 / -61	-40 / -73	-40 / -92	-20 / -33	-20 / -41	-20 / -53	-7 / -16	-7 / -20	0 / -13	0 / -21	0 / -33	0 / -52	0 / -84	±4.5	±6.5	±10.5	+5 / -4	+9 / -4	+13 / -8	+11 / +2	+15 / +2	+17 / +8	+21 / +8	+28 / +15	+35 / +22
30	50	-80 / -119	-80 / -142	-50 / -75	-50 / -89	-50 / -112	-25 / -41	-25 / -50	-25 / -64	-9 / -20	-9 / -25	0 / -16	0 / -25	0 / -39	0 / -62	0 / -100	±5.5	±8	±12.5	+6 / -5	+11 / -5	+15 / -10	+13 / +2	+18 / +2	+20 / +9	+25 / +9	+33 / +17	+42 / +26
50	80	-100 / -146	-100 / -174	-60 / -90	-60 / -106	-60 / -134	-30 / -49	-30 / -60	-30 / -76	-10 / -23	-10 / -29	0 / -19	0 / -30	0 / -46	0 / -74	0 / -120	±6.5	±9.5	±15	+6 / -7	+12 / -7	+18 / -12	+15 / +2	+21 / +2	+24 / +11	+30 / +11	+39 / +20	+51 / +32
80	120	-120 / -174	-120 / -207	-72 / -107	-72 / -126	-72 / -159	-36 / -58	-36 / -71	-36 / -90	-12 / -27	-12 / -34	0 / -22	0 / -35	0 / -54	0 / -87	0 / -140	±7.5	±11	±17.5	+6 / -9	+13 / -9	+20 / -15	+18 / +3	+25 / +3	+28 / +13	+35 / +13	+45 / +23	+59 / +37
120	180	-145 / -208	-145 / -245	-85 / -125	-85 / -148	-85 / -185	-43 / -68	-43 / -83	-43 / -106	-14 / -32	-14 / -39	0 / -25	0 / -40	0 / -63	0 / -100	0 / -160	±9	±12.5	±20	+7 / -11	+14 / -11	+22 / -18	+21 / +3	+28 / +3	+33 / +15	+40 / +15	+52 / +27	+68 / +43
180	250	-170 / -242	-170 / -285	-100 / -146	-100 / -172	-100 / -215	-50 / -79	-50 / -96	-50 / -122	-15 / -35	-15 / -44	0 / -29	0 / -46	0 / -72	0 / -115	0 / -185	±10	±14.5	±23	+7 / -13	+16 / -13	+25 / -21	+24 / +4	+33 / +4	+37 / +17	+46 / +17	+60 / +31	+79 / +50
250	315	-190 / -271	-190 / -320	-110 / -162	-110 / -191	-110 / -240	-56 / -88	-56 / -108	-56 / -137	-17 / -40	-17 / -49	0 / -32	0 / -52	0 / -81	0 / -130	0 / -210	±11.5	±16	±26	+7 / -16	+16 / -16	+26 / -26	+27 / +4	+36 / +4	+43 / +20	+52 / +20	+66 / +34	+88 / +56
315	400	-210 / -299	-210 / -350	-125 / -182	-125 / -214	-125 / -265	-62 / -98	-62 / -119	-62 / -151	-18 / -43	-18 / -54	0 / -36	0 / -57	0 / -89	0 / -140	0 / -230	±12.5	±18	±28.5	+7 / -18	+18 / -18	+29 / -28	+29 / +4	+40 / +4	+46 / +21	+57 / +21	+73 / +37	+98 / +62

穴に対する許容差（mm）

図示サイズの区分 (mm) 超え	以下	H6	H7	H8	H9	H10
—	3	+6 / 0	+10 / 0	+14 / 0	+25 / 0	+40 / 0
3	6	+8 / 0	+12 / 0	+18 / 0	+30 / 0	+48 / 0
6	10	+9 / 0	+15 / 0	+22 / 0	+36 / 0	+58 / 0
10	18	+11 / 0	+18 / 0	+27 / 0	+43 / 0	+70 / 0
18	30	+13 / 0	+21 / 0	+33 / 0	+52 / 0	+84 / 0
30	50	+16 / 0	+25 / 0	+39 / 0	+62 / 0	+100 / 0
50	80	+19 / 0	+30 / 0	+46 / 0	+74 / 0	+120 / 0
80	120	+22 / 0	+35 / 0	+54 / 0	+87 / 0	+140 / 0
120	180	+25 / 0	+40 / 0	+63 / 0	+100 / 0	+160 / 0
180	250	+29 / 0	+46 / 0	+72 / 0	+115 / 0	+185 / 0
250	315	+32 / 0	+52 / 0	+81 / 0	+130 / 0	+210 / 0
315	400	+36 / 0	+57 / 0	+89 / 0	+140 / 0	+230 / 0

(8) 普通公差（個々に公差の指示がない長さ寸法および角度寸法に対する公差）
   （JIS B 0405-1991）

　JIS では，図面指示を簡単にすることを意図して，個々に許容差（サイズ公差）を指示せずに長さ寸法および角度寸法に対する 4 つの公差等級の普通公差（general tolerance）で規定する方法を定めている.

表 1.12　長さ寸法に対する許容差（面取り部分を除く）

単位：mm

公差等級		基準寸法の区分							
記号	説明	0.5以上* 3以下	3を超え 6以下	6を超え 30以下	30を超え 120以下	120を超え 400以下	400を超え 1000以下	1000を超え 2000以下	2000を超え 4000以下
		許容差							
f	精級	±0.05	±0.05	±0.1	±0.15	±0.2	±0.3	±0.5	–
m	中級	±0.1	±0.1	±0.2	±0.3	±0.5	±0.8	±1.2	±2
c	粗級	±0.2	±0.3	±0.5	±0.8	±1.2	±2	±3	±4
v	極粗級	–	±0.5	±1	±1.5	±2.5	±4	±6	±8

　［注］0.5 mm 未満の基準寸法に対しては，その基準寸法に続けて許容差を個々に指示する.

表 1.13　面取り部分の長さ寸法に対する許容差

単位：mm

公差等級		基準寸法の区分		
記号	説明	0.5以上* 3以下	3を超え 6以下	6を超え るもの
		許容差		
f	精級	±0.2	±0.5	±1
m	中級			
c	粗級	±0.4	±1	±2
v	極粗級			

　［注］0.5 mm 未満の基準寸法に対しては，その基準寸法に続けて許容差を個々に指示する.

表 1.14　角度寸法の許容差

公差等級		対象とする角度の短い方の辺の長さ(mm)の区分				
記号	説明	10以下	10を超え 50以下	50を超え 120以下	120を超え 400以下	400を超え るもの
		許容差				
f	精級	±1°	±30′	±20′	±10′	±5′
m	中級					
c	粗級	±1°30′	±1°	±30′	±15′	±10′
v	極粗級	±3°	±2°	±1°	±30′	±20′

　［注］上記表 1.12〜表 1.14 は鍋屋バイテック会社技術資料（抜粋）による

　一般的にこれらの指示は，表題欄もしくはその近辺に注記される.

1.2.5 幾何公差

　幾何公差は，幾何偏差（形状，姿勢および位置の偏差並びに振れの総称）の許容値であり（JIS Z8114），幾何公差方式は，機能的要求に応じて形状，姿勢，位置および振れをある範囲内に規制するものである．

　本書においては，紙面の制約から「製品の幾何特性仕様（GPS）―幾何公差表示方式―形状，姿勢，位置および振れの公差表示方式（JIS B 0021：1998）」の要点のみ説明する．その他の詳しい説明に関しては，参考文献をあたってほしい．

(1) 基本概念

(a) 形体に指示した幾何公差は，その中に形体が含まれる公差域を定義する．

(b) 形体とは，表面，穴，溝，ねじ山，面取り部分または輪郭のような加工物の特定の特性の部分であり，これらの形体は，現実に存在しているもの（例えば，円筒の外側表面）または派生したもの（例えば，軸線または中心平面）である．

(c) 公差が指示された公差特性と寸法の指示方法によって，公差域は次の一つになる．

- ■ 円の内部の領域
- ■ 二つの同心の円の間の領域
- ■ 二つの等間隔の線または平行2直線の間の領域
- ■ 円筒内部の領域
- ■ 同軸の二つの円筒の間の領域
- ■ 二つの等間隔の表面または平行2平面の間の領域
- ■ 球の内部の領域

(d) 特に指示した場合を除いて，公差は対象とする形体の全域に適用する．

(e) データムに関連した形体に指示した幾何公差は，データム形体自身の形状偏差を規制しない．データム形体に対して，形状公差を指示してもよい．

(2) 幾何公差のためのデータム

(a) 用語の意味

＜データム＞

　関連形体に幾何公差を指示するときに，その公差域を規制するために設定した理論的に正確な幾何学基準．データムは基準なので，あくまでも正確な点（データム点），直線（データム直線），軸（データム軸直線），平面（データム平面），中心平面（データム中心平面）である．

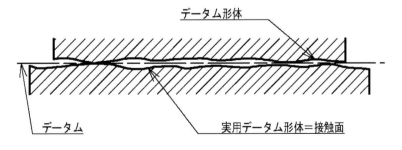

図 1-54　データムの基本原理

＜データム形体＞

　データムを設定するために用いる対象物の実際の形体（部品の表面，穴など）．データム形体には，加工誤差があるので，必要に応じてデータム形体にふさわしい形状公差を指示する．

<実用データム形体>

データム形体に接してデータムの設定を行う場合に用いる．十分に精密な形状をもつ実際の表面（定盤，軸受，マンドレルなど）．

<共通データム>

二つのデータム形体によって設定される単一のデータム（1.2.5(8)の13.2軸線の同軸度公差（64ページ，14.1中心平面の対称度公差（**65ページ**）参照）．

<データムターゲット>

データムを設定するために，加工，測定および検査用の装置，器具などに接触させる対象物上の点，線または限定した領域．

(b) 3平面データム系

データムの中では，データム平面が基準面としてよく使用される．また，部品に含まれる軸や穴および部品の形状を決める輪郭の位置を規制するためには，3つのデータム平面が必要になる．この3つのデータムを組み合わせて使用するデータムを「データム系」という．データム系の中でも，3平面で構成される直交座標系のことを「3平面データム系」という．3平面データム系は，第1次データム平面，第2次データム平面，第3次データム平面から成り，優先度の高い順に公差記入枠に左から記載する．優先度は，部品の組立順や機械加工の際の取り付け順などを考慮して決めればよい．

(c) 3平面データム系の種類

<3つの平面で構築する場合>

図1-55は3平面データム系の図である．底面をデータム平面Aと設定し，第1次データム平面としている．右側面を第2次データム平面，奥側の面を第3次データム平面とすることで，X，Y，Zすべての方向の基準を定め，3平面データム系を構築している．

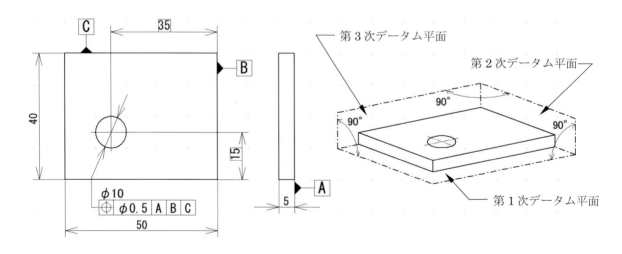

図1-55　3平面データム系の指示例

＜1つの平面と2つの軸直線で構築する場合＞

3平面データム系は，平面だけを使用しなくても構築できる．データム平面Aとデータム軸直線B，Cの組み合わせによる3平面データム系の構築例を図1-56に示す．図面は，底面を第1次データム平面Aとし，データム平面Aと直行する右側の穴の軸直線を含む平面を第2次データム平面Bとしている．ただし，まだこの時点ではデータム平面Bは回転方向の自由度が残っている．さらに，データム平面Aとデータム平面Bに直行する左の穴の軸直線を含む平面を第3次データム平面Cとすることで3平面データム系が構築できる．

2つの位置決め穴によって組付け位置を決める備品などは，このデータム系が有効である．

3平面データム系には，以上述べた2つの他にも1つの平面，1つの軸直線，1つの中心平面によって構築する方法もあるが，ここでは省略する．興味のある読者は参考文献（2），（11）等を参照されたい．

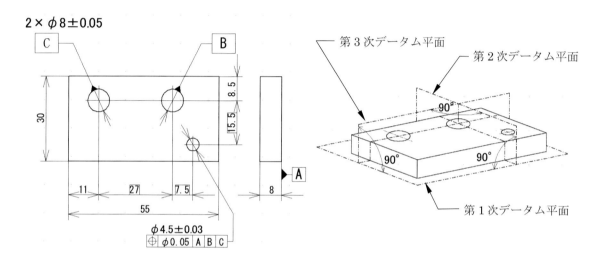

図 1-56　1つの平面と2つの軸直線で構築

なお，図1-56のデータムB，Cの記入法は図脳 Rapid Pro 20 では サポートされていない（円に直接データム三角記号を付記できない）．そのため，図1-57のように引出線に付記する記入方法でもよい．

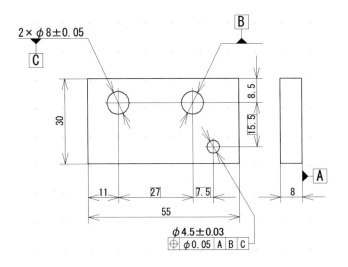

図 1-57　軸直線へのデータム指示方法別案

(3) 幾何公差の表し方

(a) 公差付き形体

　公差付き形体は，公差記入枠の右側または左側の中央からの指示線によって，以下の方法で公差付き形体に結びつけて示す.

　線または表面自身に公差を指示する場合には，形体の外形線上または外形線の延長線上（寸法線の位置と明確に離す）（図 1-58 および　図 1-59）. 指示線の矢は，実際の表面に点を付けて引き出した引出線上に当ててもよい（図 1-60）.

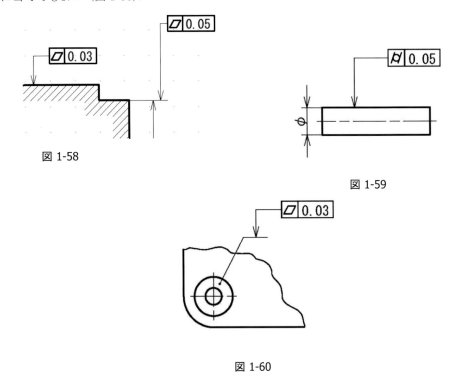

図 1-58

図 1-59

図 1-60

　寸法を指示した形体の軸線または中心平面もしくは 1 点に公差を指示する場合には，寸法線の延長線上が支持線になるように指示する（図 1-61 および図 1-62）．

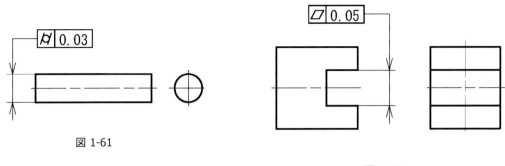

図 1-61

図 1-62

(b) 離れた形体に対する公差域

　いくつかの離れた形体に同一の公差値を適用する場合には，共通の公差記入枠から引き出した指示線を分岐して，図 1-63 のように図示する．

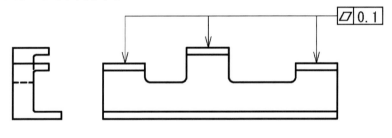

図 1-63

　離れた形体でも共通の公差域を適用する場合には，公差記入枠内の公差値のすぐ後ろに記号 CZ を付記する（図 1-64）．

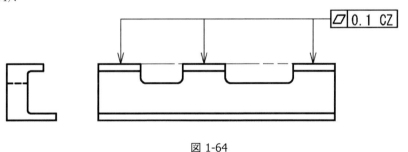

図 1-64

(c) データの図示方法

データムが線または表面である場合には，形体の外形線上または外形線の延長の寸法補助線上に寸法線の矢印からずらしてデータム三角記号を付ける（図1-65）．また，データム三角記号は，図形の表面上の黒丸から引き出された引出線上に指示してもよい（図1-66）．

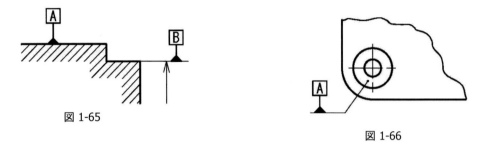

図 1-65

図 1-66

寸法指示された形体で定義されたデータムが軸線の場合は，寸法線の延長上にデータム三角記号を指示する．

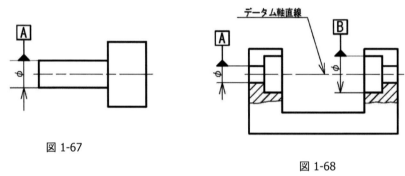

図 1-67

図 1-68

二つのデータム形体によって設定される共通データムは，ハイフンで結んだ二つの大文字を用いる（図1-69）．データム系が二つまたは3つのデータム形体によって設定される場合には，データムに用いる大文字は形体の優先順位に左から右へ，別々の区画に指示する（図1-70）．

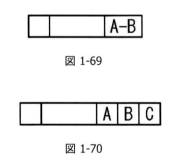

図 1-69

図 1-70

　ねじ部をデータムとして指示する場合，特に指示がなければねじの有効径がデータムとなる．有効径以外を特に指示するには，ねじの外形を表す"MD"，または谷底系を表す"LD"を指示する（図1-71）．

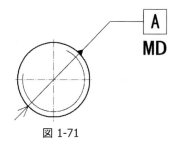

図 1-71

(d) 理論的に正確な寸法
　位置度，輪郭度，または傾斜度の公差を指定する場合，それぞれ理論的に正確な位置，姿勢または輪郭を決める寸法を，"理論的に正確な寸法"という．図面に指示するときは公差を付けず，長方形の枠で囲んで示す．

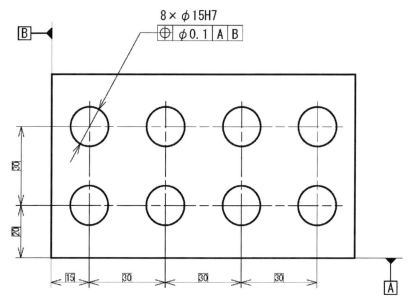

図 1-72

(4) 幾何公差特性と記号

幾何公差には，形状公差，姿勢公差，位置公差，振れ公差の4種類があり，全部で19の特性が規定されている（表1.15参照）.

表1.15　幾何特性に用いる記号

公差の種類	特性	記号	データム指示
形状公差	真直度	—	否
	平面度	▱	否
	真円度	○	否
	円筒度	⌭	否
	線の輪郭度	⌒	否
	面の輪郭度	⌓	否
姿勢公差	平行度	//	要
	直角度	⊥	要
	傾斜度	∠	要
	線の輪郭度	⌒	要
	面の輪郭度	⌓	要
位置公差	位置度	⊕	要・否
	同心度(中心点に対して)	◎	要
	同軸度(軸線に対して)	◎	要
	対称度	≡	要
	線の輪郭度	⌒	要
	面の輪郭度	⌓	要
振れ公差	円周振れ	↗	要
	全振れ	⌰	要

また，その付加記号の一部を表1.16に示す.

表1.16　付加記号

説明	記号
公差付き形体指示	
データム指示	Ⓐ　　Ⓐ
データムターゲット	φ2 / A1
理論的に正確な寸法	50
全周(輪郭度)	
共通公差域	CZ

4 種類の公差の意味は以下である．

(a) 形状公差：幾何学的に正しい形体（例えば，平面）をもつべき形体の形状偏差に対する幾何公差で六つの特性がある．なお，形状の公差にはデータムは用いない．

(b) 姿勢公差：データムに関連して，幾何学的に正しい姿勢関係（例えば，平行）をもつべき形体の姿勢偏差に対する幾何公差．五つの特性がある．

(c) 位置公差：データムに関連して，幾何学的に正しい位置関係（例えば，同軸）をもつべき形体の位置偏差に対する幾何公差．六つの特性がある．

(d) 振れ公差：データム軸直線を中心とする正しい回転面（データム軸直線に直角な円形平面を含む）をもつべき形体の振れに対する幾何公差．二つの特性がある．

なお，表 1.15 の記号を見れば分かるとおり，同心度と同軸度の特性記号は同じであるため，使用に際しては注意が必要である．また，一つの形体に複数の幾何特性を設定する場合は，形状公差より姿勢公差が，姿勢公差より位置公差が常に大きくなるように設定する必要がある．

(5) 普通幾何公差

普通幾何公差は，図面の中で個々に幾何公差を指示する代わりに，表題欄の近くに普通幾何公差の等級を一括して指示する方法である．これは，普通幾何公差の範囲は工場の通常の加工精度によって得られる精度であるためと，普通幾何公差をすべて記入すると図面が煩雑になるからである．なお，普通幾何公差はすべての幾何特性に設定されているわけではない．

普通幾何公差の設定は以下である．

■ 形状の公差：真直度，平面度，真円度
■ 姿勢の公差：直角度と平行度
■ 位置の公差：対称度
■ 振れの公差：円周振れ．

既述のように普通幾何公差を適用するには，表題欄の近くに普通幾何公差の等級を一括して指示する方法が採られている．この時，規格番号と公差等級を合わせて指示する．

表 1.17　真直度および平面度の普通公差

公差等級	呼び長さの区分					単位 mm
	10 以下	10 を越え 30 以下	30 を越え 100 以下	100 を越え 300 以下	300 を越え 1000 以下	1000 を越え 3000 以下
	真直度および平面度					
H	0.02	0.05	0.1	0.2	0.3	0.4
K	0.05	0.1	0.2	0.4	0.6	0.8
L	0.1	0.2	0.4	0.8	1.2	1.6

■ 平面度は長方形の場合は長い方の辺の長さを，円形の場合には直径を基準とする
■ 真直度は該当する線の長さを基準とする

表 1.18　真円度の普通公差

公差等級	幾何特性	呼び長さの区分
		なし
なし	真円度	直径の寸法公差の値に等しくとるか，表 1.22 の円周振れの公差の値を超えてはならない

表 1.19　平行度の普通公差

公差等級	幾何特性	呼び長さの区分
		なし
なし	平行度	寸法公差と平面度公差，真直度公差とのいずれか大きい方の値に等しくとる．2 つの形体のうち長い方をデータムとする

表 1.20　直角度の普通公差

公差等級	呼び長さの区分			
	100 以下	100 を越え 300 以下	300 を越え 1000 以下	1000 を越え 3000 以下
	直角度			
H	0.2	0.3	0.4	0.5
K	0.4	0.6	0.8	1
L	0.6	1	1.5	2

■ 直角を形成する 2 辺のうち長い方の辺をデータムとする

表 1.21　対称度の普通公差

公差等級	呼び長さの区分			
	100 以下	100 を越え 300 以下	300 を越え 1000 以下	1000 を越え 3000 以下
	対称度			
H	0.5			
K	0.6		0.8	1
L	0.6	1	1.5	2

■ 2 つの形体のうち長い方をデータムとする

表 1.22　円周振れの普通公差

公差等級	円周振れ
H	0.1
K	0.2
L	0.5

■　図面上に支持面が規定されている場合には，その面をデータムとする．ただし，この場合，データムは支持面によって規定された軸線である．支持面が規定されていない場合には，半径方向の円周振れに対して，2つの形体のうち長い方をデータムとする

(6) 包絡の条件

　包絡の条件は，サイズ形体に適用するもので，寸法公差と幾何公差の間に特別な関係を要求する．

　包絡の条件の指示は，公差記入枠を用いずに寸法公差の末尾に記号 Ⓔ を付けることにより行う．この指示には，以下の意味が含まれる．

(a) サイズ形体が MMC（最大実体寸法）（表 1.24 参照）の場合は，バラつきのない完全形状である．

(b) サイズ形体の寸法が MMC から離れるにつれ，MMC における完全形状（包絡面）を超えない範囲で形状の変動が許される．

　図 1-73 の最大実体寸法は最大許容寸法の φ24 mm であり，この円柱（軸）のどこを測っても直径が 24 mm である MMC の場合には，まっすぐな中心線をもつ真円断面の完全形状でなければならない（真直度，真円度ともゼロ）．しかし，円柱の太さが MMC から離れるにつれ，中心線の曲がりが許容されるようになる．一例として直径が最も小さい LMC（φ23.96）の場合には，円柱が細くなった分（0.04mm）だけ中心線が曲がったとしても MMC での完全形状を超えることはない．すなわち，真直度をゼロから φ0.04 まで増加させられる．

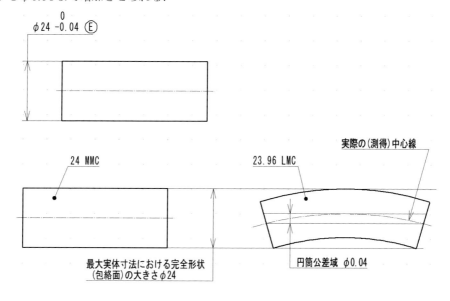

図 1-73　包絡の条件

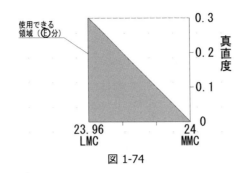

図 1-74

(7) 最大実体公差方式と最小実体公差方式

(a) 最大／最小実体公差方式（MMR/LMR）とは何か

　これらは，いずれも「はめあい」において，サイズ公差と幾何公差との間に特別な関係（相互依存性）を要求するもので，幾何公差の要求分を加味することにより，生産性の向上やコスト低減などの経済的効果をもたらそうとするものである．表 1.23 でそれぞれ説明する．

表 1.23　最大実体公差方式と最小実体公差方式

名称	最大実体公差方式	最小実体公差方式
英語（略号）	Maximum Material Requirement：MMR	Least Material Requirement：LMR
記号と記入例	Ⓜ（マル M）　　記入例 ⊟ 0.2Ⓜ	Ⓛ（マル L）　　記入例 ◎ 0.2Ⓛ
適用可能な幾何公差	─ ∥ ⊥ ∠ ◎ ⊟ ⊕	⊕ ◎

　MMR や LMR を指示することで幾何公差を緩和でき，経済的効果につながる．これらの 2 方式は，いずれも中心線または中心面といった誘導形体のみに適用される．

(b) 最大実体状態と最小実体状態（MMC/LMC）

　JIS B 0023 「製図－幾何公差表示方式－最大実体公差方式および最小実体公差方式」の本文中においては，略号とともに専門用語が頻出するが，表 1.24，表 1.24 にそれらの重要な用語をまとめておく．なお，各用語の説明については，次項以降で解説を加えていく．

表 1.24　最大実体公差方式用語まとめ

最大実体公差方式 (MMR)	
最大実体状態（Maximum Material Condition：MMC)	部品の実体(体積)が最大となる状態
最大実体寸法（Maximum Material Size：MMS)	MMC を決める寸法
最大実体実効状態（Maximum Material Virtual Condition：MMVC)	MMC と幾何公差の関係によって生じる完全形状の境界（はめ合わせの最悪条件）
最大実体実効寸法（Maximum Material Virtual Size：MMVS)	MMVC を決める寸法 ・外側形体(軸など)：MMS＋幾何公差の値 ・内側形体(穴など)：MMS－幾何公差の値

表 1.25　最小実体公差方式用語まとめ

最小実体公差方式 (LMR)	
最小実体状態（Least Material Condition：LMC）	部品の実体(体積)が最小となる状態
最小実体寸法（Least Material Size：LMS）	LMC を決める寸法
最小実体実効状態（Least Material Virtual Condition：LMVC）	LMC と幾何公差の関係によって生じる完全形状の境界(肉厚確保の最悪条件)
最小実体実効寸法（Least Material Virtual Sise：LMVS）	LMVC を決める寸法 ・外側形体(軸など)：LMS−幾何公差の値 ・内側形体(穴など)：LMS＋幾何公差の値

- MMR は最大実体実効状態（MMVC）の境界を越えてはならない
- LMR は最小実体実効状態（LMVC）の境界を越えてはならない

MMC は，サイズ形体のどの部分においてもその実体が最大となるような状態．一方，LMC は，その実体が最小となるような状態を言う．

- MMS は MMC を決める寸法
- LMS は LMC を決める寸法

MMC と LMC の「実体」は部品の体積を表しており，この点が MMC と LMC を理解する上で重要である．すなわち，対象となる形体が外側形体（軸や平行ピンなど）の場合は，最大許容寸法が MMS を表し，一方，内側形体（穴やキー溝など）の場合は，最小許容寸法が MMS を表し，最大許容寸法が LMS を表す．

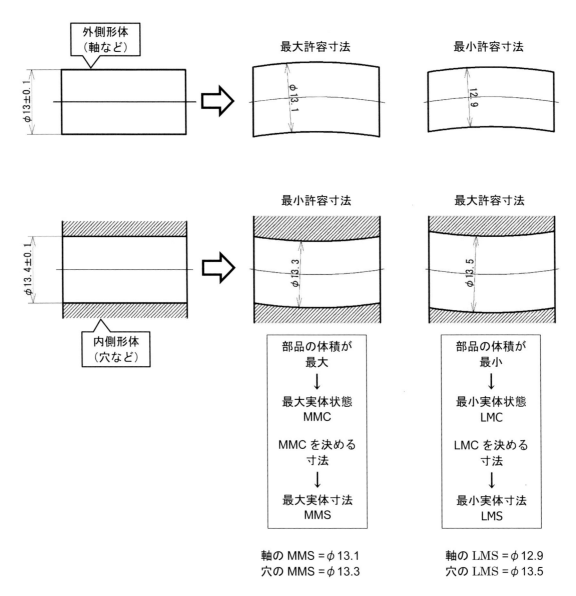

軸の MMS = φ13.1　　　　軸の LMS = φ12.9
穴の MMS = φ13.3　　　　穴の LMS = φ13.5

図 1-75　最大実体状態（MMC）と最小実体状態（LMC）

(c) 最大実体実効状態と最小実体実効状態（MMVC/LMVC）

最大実体実効状態（MMVC）は，最大実体状態（MMC）と幾何公差との総合効果によって生じる完全形状の境界であり，最大実体公差方式（MMR）の適用に関連している．MMVCを決める寸法のことを「最大実体実効寸法（Maximum Material Virtual Size：MMVS）」という．

最小実体実効状態（LMVC）は，最小実体状態（LMC）と幾何公差との総合効果によって生じる完全形状の境界であり，最小実体公差方式（LMR）の適用に関連している．LMVCを決める寸法のことを「最小実体実効寸法（Least Material Virtual Size：LMVS）」という．

MMCの状態（軸は直径が最大，穴は直径が最小）においては，穴と軸の干渉に対して最も厳しくなる．（図1-76 ①，図1-77 ①）．

但し，これだけでは穴や軸の中心線の曲がりを考慮していないため，干渉するかどうかはまだわからない．すなわち，MMCかつ曲がりが最大の状態を検討する必要がある．（図1-76 ②，図1-77 ②）．

このように，幾何公差（曲がり）とMMCを同時に考慮した上で，組合せ部品と最悪の条件ではめ合わせ可能な完全形状の境界をMMVCという（図1-76 ③，図1-77 ③）．

最小実体公差方式（LMR）は最大実体公差方式（MMR）と表裏一体の関係にある．すなわち，最小実体公差方式は，形体の完成寸法が最小実体サイズから最大実体サイズの方向に変化した場合には，その寸法だけ幾何公差値を増加させられる．

以下，軸の場合のLMVCについて説明する．サイズ公差内の最小径の場合（図1-76 ④）かつ軸の曲がり（幾何公差）が最大になった状態を同時に考慮した上での完全形状の境界をLMVCという（図1-76 ⑤）．内側形体のLMVCについては，図1-77 ⑤，⑥を参照されたい．

以上から，MMVS，LMVSは，最大実体寸法（MMS），最小実体寸法（LMS）（p. 42　1.2.5(7)(b)参照）と幾何公差の公差値から算出できる（表1.24，表1.25）．

外側形体における MMR と LMR

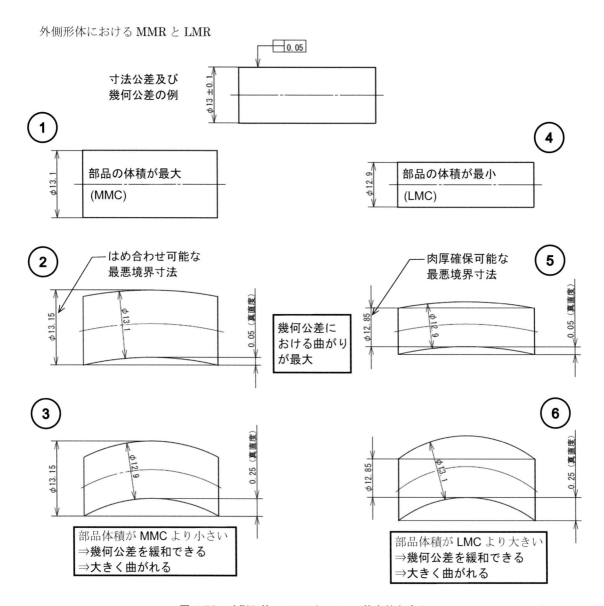

図 1-76　外側形体の MMR と LMR の基本的な考え

内側形体における MMR と LMR

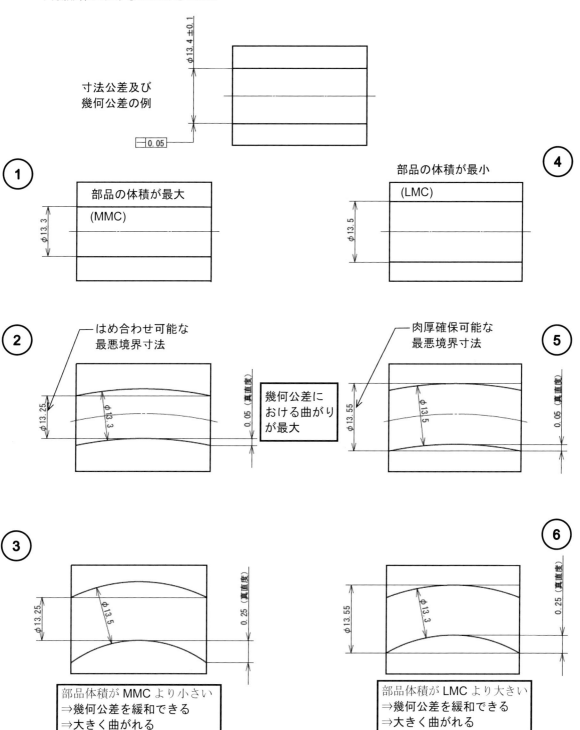

図 1-77　内側形体の MMR と LMR の基本的な考え方

(d) 最大実体公差方式（MMR）と最小実体公差方式（LMR）の基本ルール

MMR は付加記号Ⓜ，LMR は付加記号Ⓛを用いて表す．公差付き形体の場合は中心線または中心面，データム形体の場合は中心軸直線または中心平面のデータムに限定される（図 1-78）．

「Ⓜ」が付記された場合に公差値（図 1-78 の φ0.1）が適用されるのは，サイズ形体が最大実体状態（MMC）（1.2.5(7)(b)参照）の時のみである．サイズ形体が MMC より離れるにつれて，

図 1-76③，図 1-77 ③ に示すように最大実体実効状態（MMVC）の境界を越えない範囲で幾何公差値が緩和される．

サイズ形体の大きさに応じて公差値を増加させられる．

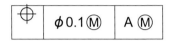

図 1-78　MMR と LMR の指示方法

データム形体が MMC や LMC から離れていると，データム軸直線または中心平面は，公差付き形体に関連して浮動（floating）することを許容し，データム文字記号の直後に記号Ⓜを指示する．

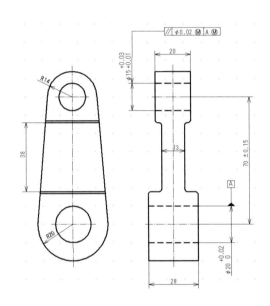

図 1-79　データムにⓂを適用したブラケットの例

図 1-79 は，データム A にⓂを適用したケースである．

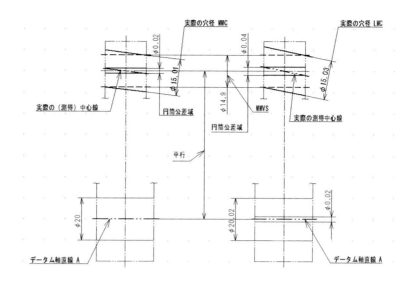

図 1-80　図 1-79 の MMC

図 1-81　図 1-79 の LMC

このデータム，幾何公差指示に対する実際の公差域は以下となる．

■　ブラケット上部の穴の直径が φ15.01 の MMS のとき，その実際の（測得）中心線は φ0.02 の円筒公差域の中に収まっていなければならない．そして，穴の直径が φ15.03 の LMS のとき，中心線は φ0.04［0.02+(15.03-15.01)］の円筒公差域の中に収まっていなければならない．

■　データム軸直線 A のすべての直径が φ20 の MMS であるときは，データム軸直線 A は浮動しないが，φ20.02 の LMS であるときには，φ0.02 の範囲で浮動できる．

■　幾何公差を指示したブラケットの上部の穴は，データム軸直線に平行で，完全形状の φ14.9［(20+0.01)−0.02］の MMVS の境界より外側になければならない．

(e) ゼロ幾何公差方式（zero geometrical tolerancing）

図 1-82 の指示例では，最大実体状態（MMC）での完全形状が要求されている．この場合は，最大実体サイズ＝最大実体実効寸法（MMVS）となる．

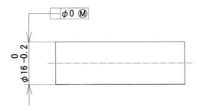

図 1-82　真直度公差にゼロ幾何公差方式を適用した例

この図の要求事項からわかることは，

- 軸の直径がすべての箇所で φ16.0（MMS）のとき，その軸直線の公差域はゼロ（φ0）である
- 軸の直径がすべての箇所で φ15.8（LMS）のとき，その軸直線の公差域は φ0.2 まで変動できる．
- 円筒軸は，完全形状で φ16.0（MMVS）の境界の内側になければならない．

以上から，この軸が最大実体状態（MMC）から最小実体状態（LMC）方向に仕上がった場合には，その分だけ幾何公差指示値（φ0）を増加することが可能になる．動的公差線図を図 1-83 に示す．

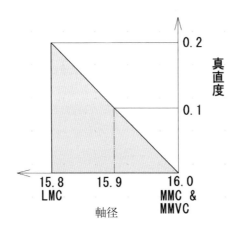

図 1-83　図 1-82 の動的公差線図

次に穴形状の場合のゼロ幾何公差方式について説明する（図 1-84）．最大実体状態（MMC）での完全形状が要求されている．この場合も，最大実体サイズ＝最大実体実効寸法（MMVS）となる．

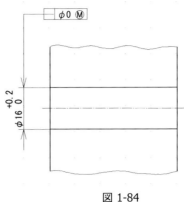

図 1-84

この図の要求事項からわかることは軸の場合と同様に，

- 穴の直径がすべての箇所で φ16.0（MMS）のとき，その軸直線の公差域はゼロ（φ0）である
- 穴の直径がすべての箇所で φ16.2（LMS）のとき，その軸直線の公差域は φ0.2 まで変動できる．
- 円筒穴は，完全形状で φ16.0（MMVS）の境界の内側（直径が増える方向）になければならない．

以上から，この穴が最大実体状態（MMC）から最小実体状態（LMC）方向に仕上がった場合には，その分だけ幾何公差指示値（φ0）を増加することが可能になる．動的公差線図を図 1-85 に示す．

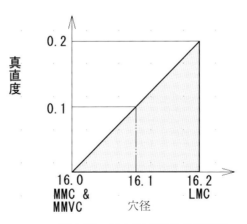

図 1-85　図 1-84 の動的公差線図

(f) MMR と動的公差線図（ゼロ幾何公差方式ではない場合）

図 1-86 は，真直度公差に Ⓜ を指示した例である．

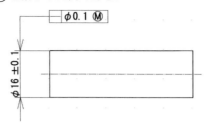

図 1-86　Ⓜ を付加した，軸の真直度公差例

この図の要求事項からわかることは，

- 軸の直径がすべての箇所で φ16.1（MMS）のとき，その軸直線の公差域は φ0.1 である
- 軸の直径がすべての箇所で φ15.9（LMS）のとき，その軸直線の公差域は φ0.3 まで変更できる
- 円筒軸は，完全形状で φ16.2 の境界の内側になければならない

以上から，この軸が最大実体状態（MMC）から最小実体状態（LMC）方向に仕上がった場合には，その分だけ幾何公差指示値 φ0.1 を φ0.3 まで増加することが可能になる．動的公差線図を図 1-87 に示す．

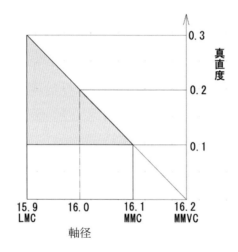

図 1-87　図 1-86 の動的公差線図

次に穴形状の場合の真直度公差に Ⓜ を指示した例について説明する（図 1-88）.

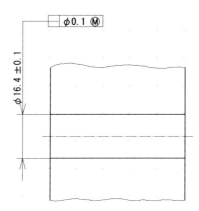

図 1-88　Ⓜを付加した，穴の真直度公差例

要求事項は軸の場合と同様に，

● 穴の直径がすべての箇所でφ16.3（MMS）のとき，その軸直線の公差域はφ0.1である
● 穴の直径がすべての箇所でφ16.5（LMS）のとき，その軸直線の公差域はφ0.3まで変更できる
● 円筒軸は，完全形状でφ16.2の境界の内側になければならない

以上から，この穴が最大実体状態（MMC）から最小実体状態（LMC）方向に仕上がった場合には，その分だけ幾何公差指示値φ0.1をφ0.3まで増加することが可能になる．動的公差線図を図 1-89 に示す.

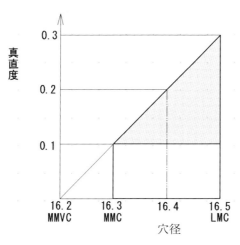

図 1-89　図 1-88 の動的公差線図

(g) 図 1-86 と図 1-88 の穴を組み合わせた場合の動的公差線図を図 1-90 に示す

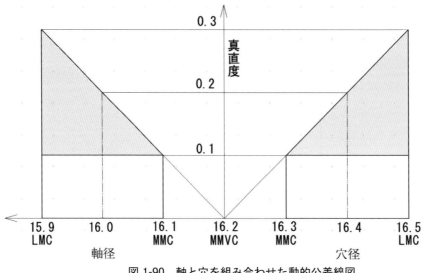

図 1-90 軸と穴を組み合わせた動的公差線図

　この動的公差線図の原点は，軸，穴ともφ16.2 の最大実体実効状態（MMVC）である．はめ合いは「すきまばめ」であるため，軸と穴を干渉なく組み付けることが可能である．

(8) 幾何公差の定義

なお，以降の図はすべて JIS B 0021: 1998 による（抜粋）．

記号	公差域の定義	指示方法および説明
─	**1. 真直度公差** 公差域は対象とする平面内で，t だけ離れ，指定した方向にある平行2直線によって規制される． 公差域の前に記号φを付記すると，公差域は直径 t の円筒によって規制される 	上側表面上で，指示された方向における投影面に平行な任意の測定した線は，0.1 だけ離れた平行2直線の間になければならない． □ 0.1 公差を適用する円筒の測定した軸線は，φ0.08 の円筒の中になければならない． φ0.08
▱	**2. 平面度公差** 公差域は t だけ離れた平行2平面によって規制される． 	実際の（再現した）表面は，0.08 だけ離れた並行2平面の間になければならない． ▱ 0.08
○	**3. 真円度公差** 対象とする横断面において，公差域は同軸の二つの円によって規制される． 	円筒および円すい表面の任意の横断面において，実際の（再現した）半径方向の線は半径距離で 0.03 だけ離れた共通平面上の同軸の二つの円の間になければならない． ○ 0.03

55

記号	公差域の定義	指示方法および説明
	4. 円筒度公差 公差域は，距離 t だけ離れた同軸の二つの円筒によって規制される． 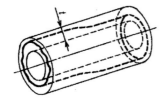	実際の（再現した）円筒表面は，半径距離で 0.1 だけ離れた同軸の二つの円筒の間になければならない． 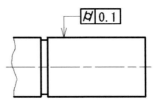
	5. データムに関連しない線の輪郭度公差 公差域は直径 t の各円の二つの包絡線によって規制され，それらの円の中心は理論的に正確な寸法幾何学形状を持つ線状に位置する． 	指示された方向における投影面に平行な各断面において，実際の（再現した）輪郭線は直径 0.04 の，そしてそれらの円の中心は理想的な幾何学形状をもつ線状に位置する円の二つの包絡線の間になければならない． 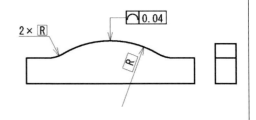
	6. データムに関連した線の輪郭度公差 公差域は，直径 t の各円の二つの包絡線によって規制され，それらの円の中心はデータム平面Aおよびデータム平面Bに関して理論的に正確な幾何学形状をもつ線上に位置する． 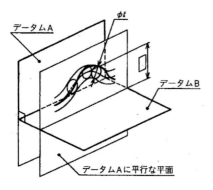	指示された方向における投影面において，実際の（再現した）輪郭線は直径 0.2 の，そしてそれらの円の中心はデータム平面 A およびデータム平面 B に関して理想的な幾何学輪郭をもつ線上に位置する．円の二つの包絡線の間になければならない． 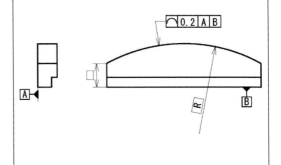

記号	公差域の定義	指示方法および説明

7. データムに関連しない面の輪郭度公差

公差域は，直径 t の各球の 2 つの包絡線によって規制され，それらの球の中心は理論的に正確な幾何学形状を持つ線状に位置する.

実際の（再現した）表面は，直径 0.02 の，それらの球の中心が理論的に正確な幾何学形状をもつ表面上に位置する各球の二つの包絡面の間になければならない.

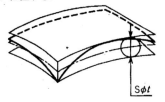

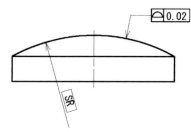

8. データムに関連した面の輪郭度公差

公差域は直径 t の各球の二つの包絡面によって規制され，それらの球の中心はデータム平面Aに関して理論的に正確な幾何学形状をもつ表面上に位置する.

実際の（再現した）表面は，直径 0.1 の，それらの球の二つの包絡面の間にあり，その球の中心はデータム平面Aに関して理論的な幾何学形状をもつ表面上に位置する.

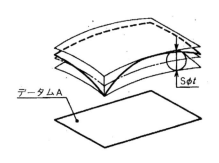

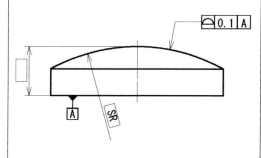

9. 平行度公差

9.1 データム直線に関連した線の平行度公差

公差域は，距離 t だけ離れた並行 2 平面によって規制される. それらの平面は，データムに平行で，指示された方向にある.

実際の（再現した）軸線は 0.1 だけ離れ，データム軸直線Aに平行で，指示された方向にある平行 2 平面の間になければならない.

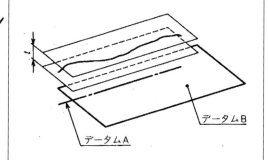

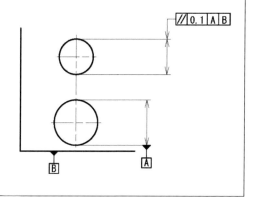

記号	公差域の定義	指示方法および説明

9.1 データム直線に関連した線の平行度公差（つづき）

公差域は，距離 t だけ離れた並行 2 平面によって規制される．それらの平面は，データムに平行で，指示された方向にある．

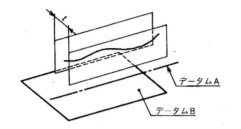

実際の（再現した）軸線は 0.1 だけ離れ，データム軸直線Aに平行で，指示された方向にある平行 2 平面の間になければならない．

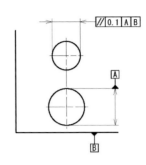

9.3 データム直線に関連した表面の平行度公差（9.2 は割愛）

公差域は距離 t だけ離れ，データム軸直線に平行な平行 2 平面によって規制される．

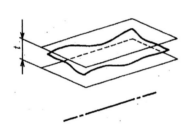

実際の（再現した）軸線は，0.1 だけ離れ，データム軸直線 C に平行な平行 2 平面の間になければならない．

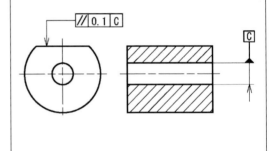

// （記号欄）

記号	公差域の定義	指示方法および説明
	10.2 データム平面に関連した線の直角度公差（つづき）	
	公差値の前に記号φが付記されると，公差域はデータムに直角な直径 t の円筒によって規制される．	円筒の実際の（再現した）軸線は，データム平面Aに直角な直径 0.1 の円筒公差域の中になければならない．
⊥		
	10.3 データム直線に関連した表面の直角度公差	
	公差域は距離 t だけ離れ，データムに直角な並行 2 平面によって規制される．	実際の（再現した）表面は，0.08 だけ離れ，データム軸直線Aに直角な平行 2 平面の間になければならない．

記号	公差域の定義	指示方法および説明

11.2 データム平面に関連した直線の傾斜度公差

公差値に記号φがついた場合には，公差域は直径 t の円筒によって規制される．円筒公差域は，一つのデータムに平行で，データム A に対して指定された角度で傾いている．

実際の（再現した）軸線は，データム B に対して平行で，データム平面 A に対して理論的に正確に 60° 傾いた直径 0.1 の円筒公差域の中になければならない．

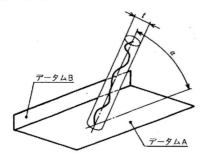

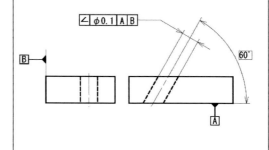

11.3 データム直線に関連した平面の傾斜度公差

公差域は，距離 t だけ離れ，データムに対して指定した角度で傾斜した平行 2 平面によって規制される．

実際の（再現した）表面は，0.1 だけ離れ，データム軸直線 A に対して理論的に正確に 75° 傾いた平行 2 平面の間になければならない．

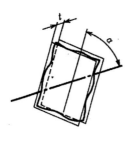

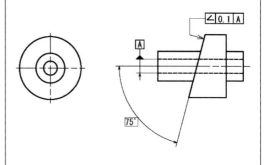

記号	公差域の定義	指示方法および説明

12．位置度公差

12.2 線の位置度公差（12.1 は割愛）

公差域は，距離 t だけ離れ，中心線に対称な平行 2 直線によって規制される．その中心線は，データム A に関して理論的に正確な寸法によって位置付けられる．公差は，1 方向にだけ指示する．

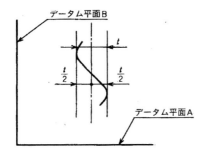

それぞれの実際の（再現した）けがき線は，0.1 だけ離れ，データム平面 A および B に関して対象とした線の理論的に正確な位置について置かれた平行 2 直線の間になければならない．

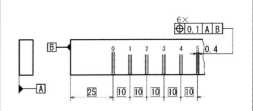

公差域は，それぞれ距離 t_1 および t_2 だけ離れ，その軸線に関して対称な 2 対の平行 2 平面によって規制される．その軸線は，それぞれのデータム A，B および C に関して理論的に正確な寸法によって位置付けられる．公差は，データムに関して互いに直角な 2 方向で指示される．

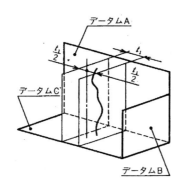

個々の穴の実際の（再現した）軸線は，水平方向に 0.05，垂直方向に 0.2 だけ離れ，すなわち指示した方向で，それぞれ直角な個々の 2 対の平行 2 平面の間になければならない．平行 2 平面の各対は，データム系に関して正しい位置に置かれ，データム平面 C，A および B に関して対象とする穴の理論的に正確な位置に対して対称に置かれる．

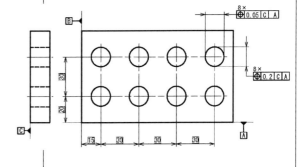

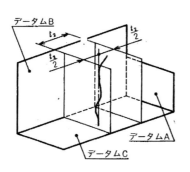

記号	公差域の定義	指示方法および説明
	12.2 線の位置度公差（つづき）	
⊕	公差値に記号φが付けられた場合には，公差域は直径 t の円筒によって規制される．その軸線は，データム C，A および B に関して理論的に正確な寸法によって位置付けられる．	実際の（再現した）軸線は，その穴の軸線がデータム平面 C，A および B に関して理論的に正確な位置にある直径 0.08 の円筒公差域の中になければならない． 個々の穴の実際の（再現した）軸線は，データム平面 A，B および C に関して理論的に正確な位置にある 0.1 の円筒公差域の中になければならない．

記号	公差域の定義	指示方法および説明
	12.3 平坦な表面または中心平面の位置度公差 公差値は t だけ離れ，データム A およびデータム B に関して理論的に正確な寸法によって位置付けられた理論的に正確な位置に対称に置かれた平行 2 平面によって規制される． 	実際の（再現した）表面は，0.05 だけ離れ，データム軸直線 B およびデータム平面 A に関して表面の理論的に正確な位置に対して対称に置かれた平行 2 平面の間になければならない． 実際の（再現した）中心平面は，0.05 だけ離れ，データム軸直線 A に対して中心平面の理論的に正確な位置に対して対称に置かれた平行 2 平面の間になければならない．

記号	公差域の定義	指示方法および説明

13. 同心度公差および同軸度公差

13.1 点の同心度公差

公差値に記号φが付けられた場合には，公差域は直径 t の円によって規制される．円形公差域の中心は，データム点Aに一致する．	外側[4]の円の実際の（再現した）中心は，データム円Aに同心の直径 0.1 の円の中になければならない．

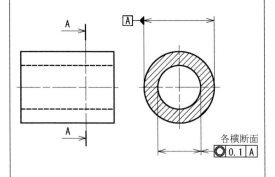

各横断面

13.2 軸線の同軸度公差

公差値に記号φが付けられた場合には，公差域は直径 t の円によって規制される．円筒公差域の軸線は，データムに一致する．	内側の円筒の実際の（再現した）軸線は，共通データム軸直線 A−B に同軸の直径 0.08 の円筒公差域の中になければならない．

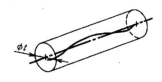

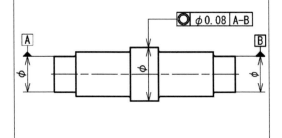

---

[4] 正しくは「内側」であり，説明が間違っている．次期改定で訂正されることを望む．

記号	公差域の定義	指示方法および説明
≡	**14　対称度公差** **14.1　中心平面の対称度公差** 公差域は t だけ離れ，データムに関して中心平面に対称な平行 2 平面によって規制される．	実際の（再現した）中心平面は，データム中心平面 A に対称な 0.08 だけ離れた平行 2 平面の間になければならない． 実際の（再現した）中心平面は，共通データム中心平面 A－B に対称で，0.08 だけ離れた並行 2 平面の間になければならない．

記号	公差域の定義	指示方法および説明

15 円周振れ公差

15.1 円周振れ公差—半径方向

公差域は，半径が t だけ離れ，データム軸直線に一致する同軸の二つの円の軸線に直角な任意の横断面内に規制される.

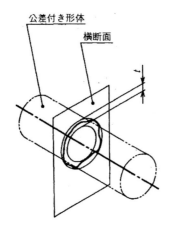

通常，振れは軸の周りに完全回転に適用されるが，1回転の一部分に適用するために規制することができる.

回転方向の実際の（再現した）円周振れは，データム軸直線のまわりを，そしてデータム平面Bに同時に接触させて回転する間に，任意の横断面において 0.1 以下でなければならない.

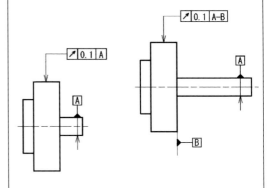

実際の（再現した）円周振れは，共通データム軸直線 A−B のまわりに 1 回転させる間に，任意の横断面において 0.1 以下でなければならない.

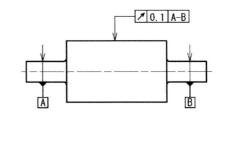

記号	公差域の定義	指示方法および説明
	15.1 円周振れ公差—半径方向（つづき）	回転方向の実際の（再現した）円周振れは，データム軸直線Aのまわり回転させる間公差を指示した部分を測定するときに，任意の横断面において 0.2 以下でなければならない.
	15.2 円周振れ公差—軸方向	
	公差域は，その軸線がデータムに一致する円筒断面内にある t だけ離れた二つの円によって任意の半径方向の位置で規制される. 	データム軸直線 D に一致する円筒軸において，軸方向の実際の（再現した）線は 0.1 離れた，二つの円の間になければならない.

記号	公差域の定義	指示方法および説明

15.3 任意の方向における円周振れ公差

公差域は，t だけ離れ，その軸線がデータムに一致する任意の円すいの断面の二つの円の中に規制される．特に指示した場合を除いて，測定方向は表面の形状に垂直である．

公差域

実際の（再現した）振れは，データム軸直線Cのまわり1回転する間に，任意の円すいの断面内で0.1以下でなければならない．

曲面の実際の（再現した）振れは，データム軸直線Cのまわりに1回転する間に，円すいの任意の断面内で0.1以下でなければならない．

記号	公差域の定義	指示方法および説明
	16. 全振れ公差 **16.1 円周方向の全振れ公差** 公差域はtだけ離れ，その軸線はデータムに一致した二つの同軸円筒によって規制される．	実際の（再現した）表面は，0.1 の半径の差で，その軸線が共通データム軸直線 A−B に一致する同軸の 2 つの円筒の間になければならない．

2. 図脳 RAPIDPRO の概要

　図脳 RAPIDPRO は，現在，様々なバージョン（図脳 RAPIDPRO18 など）が稼働中と推測されるが，本書では現時点で最新バージョンである図脳 RAPIDPRO21 について説明する．

2.1　図脳 RAPIDPRO21 の画面構成

　図脳 RAPIDPRO を起動すると，以下の画面が表示される．画面左側に複数のツールバーをまとめたマルチパレット，右側には「作図設定」コマンドのレイヤ機能を操作する「作図レイヤ」などの多機能ビューが表示される．これらはいずれもタブで切り替えられる．

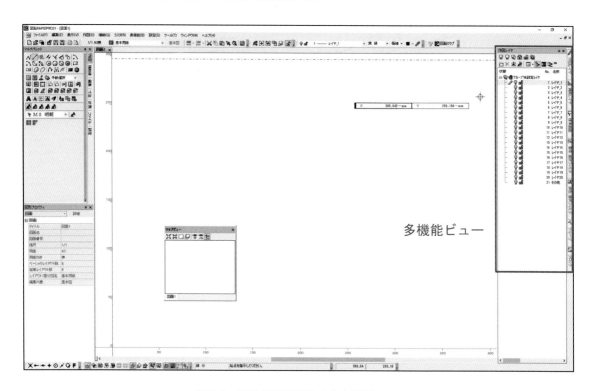

図 2-1　図脳 RAPIDPRO の入力画面

2.2　図面作成の流れ

　図脳 RAPIDPRO は，20 年以上にわたって開発が続けられてきた国産の 2 次元 CAD のロングセラーであり，手描き感覚に近い操作性で図面が作成できる．

(1) 新規作図用紙を設定する

　ツールバー左端の［新規作成］アイコンをクリックして，作図用紙を作成する．

　図脳 RAPIDPRO21 を起動した直後は，すでに用紙が準備されているので，この操作は必要ない．

(2) 図面情報（縮尺・用紙サイズなど）を設定する

図面名，用紙サイズ，尺度などの設定を行う．

(3) 下書き線を描く

作図する際の基準となる中心線などを「補助線」で作図する．

補助線は下書き線として用いることができ，印刷しても出力されることはない．

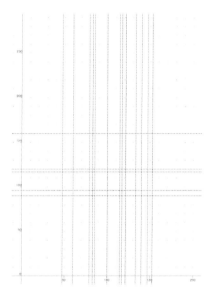

(4) 作図する

補助線をガイドにして外形線などを作成する．作成の際は，「レイヤ」や「線種」，「線幅」を決定しておく．

種々の「作図」コマンド，「編集」コマンドを主に用いて作図を進めていく．

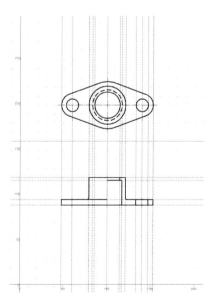

(5) 寸法線や文字などを記入する

寸法や文字の設定をあらかじめ行っておく.

「作図」-「寸法線」,「作図」-「文字」,「作図」-「引出線」の各種コマンドを主に用いて寸法や文字を記入していく.

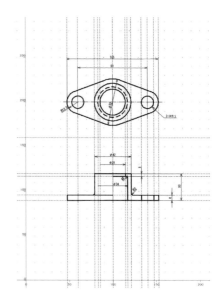

(6) 図面枠を記入する

作図中の図面に図面枠を記入する. 図面枠は, あらかじめ表題欄などの仕様を決めて作成しておいたものを保存しておく. 保存場所は, 作図中の図面データと同じ場所でもよいが, 以下の場所に保存しておくと「作図」-［図面枠記入］をクリックした際に最初に表示される.

C:\Users\Public\Documents\CADDATA\FRAME

なお, 上記の場所は図脳RAPIDPRO21をインストールした際の環境によって異なるが1例である.

表示された, 図面枠を開くためのダイアログで目的の図面枠ファイルをクリックして［開く］ボタンを押すか, ダブルクリックすると図面枠が記入される.

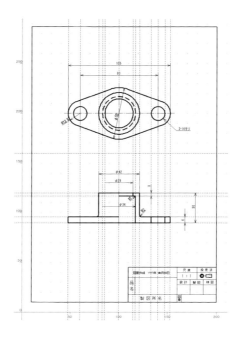

図 2-2　図面枠を記入した状態

(7) 補助線を消去する

　［補助］－［補助線全消去］をクリックする．
　消去される予定の補助線が赤くなって示される．

表示されるメッセージ
補助線を全消去 する(左ボタン) しない(右ボタン)

同時に補助線全消去を確認するダイアログが表示されるので，［はい］をクリックする．

補助線全消去		
補助線全消去	はい(Y)	いいえ(N)

(8) 保存する

出来上がった図面を保存する.

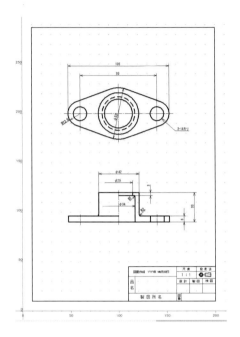

図 2-3　完成図

2.3　作図環境の設定

　作図は線の種類，線幅，線の色を決めて行う．本書では，図形要素ごとに線種・線幅・色を設定する方法を説明する．これ以外にレイヤごとに設定する方法もあるが，ここでは割愛する．

2.3.1　線種・線幅・色の設定

(1)　線種を決める

　［作図切替ツールバー］の中にある［線種］の一覧から線種を選択する．または，［設定］メニューの［作図設定］をクリックし，［線種］欄の［線種］一覧から選んでもよい．

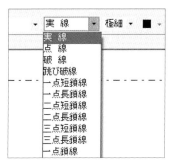

図 2-4　線種の決定

(2)　線幅を決める

　［作図切替ツールバー］の中にある［線幅］の一覧から線幅を選択する．［設定］メニューの［作図設定］をクリックし，［線幅］一覧から選んでもよい．

図 2-5　線幅の決定

(3) 色を決める

［作図切替ツールバー］の中にある［線色］の一覧から線色を選択する．［設定］メニューの［作図設定］をクリックし，［線色］一覧から選んでもよい．

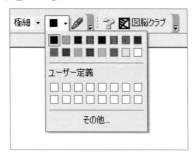

図 2-6　線色の決定

2.3.2　作図レイヤの設定

図面を複数の層（レイヤ）に分けて作図することで，必要なレイヤだけを表示して編集や印刷ができる．

レイヤ1　図形形状を作図
レイヤ2　寸法線を作図
レイヤ3　図面枠を作図
レイヤ4　拡大図を作図

(1) レイヤ1～4を表示する設定にした場合

図形形状，寸法線，図面枠，拡大図が表示される

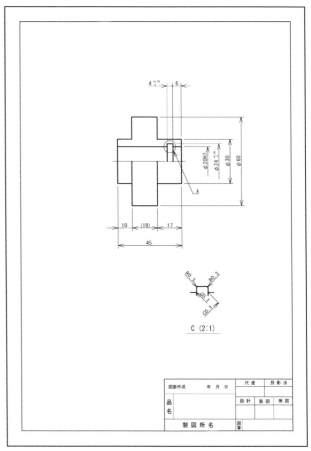

図 2-7　レイヤ1～4を表示

(2) レイヤ 2 のみを非表示にした場合

図形形状，図面枠，拡大図が表示される．寸法線は非表示となる．

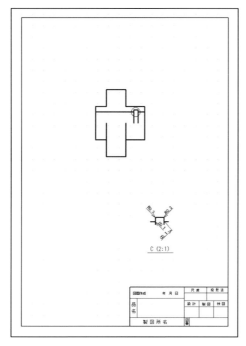

図 2-8　レイヤ 1，3，4 を表示設定

(3) レイヤ 3 および 4 を表示する設定にした場合

拡大図，図面枠が表示される．図形形状，寸法線は非表示となる．

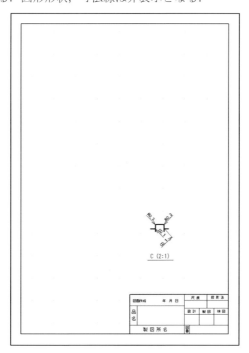

図 2-9　レイヤ 3，4 を表示設定

2.3.3 ［設定］－［作図設定］コマンド

レイヤに関する設定や，レイヤの作成・消去・変更を行う．

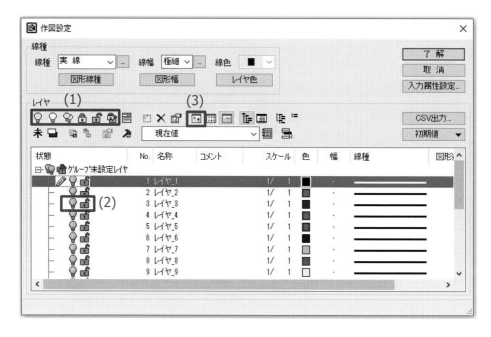

図 2-10　作図設定コマンド

(1)　全レイヤコントロールボタン

作図レイヤを除く全てのレイヤに対して「表示」，「非表示」，「ロック」，「ロック解除」などが同時に行える．

(2)　個別レイヤコントロールボタン

各レイヤを個別にコントロールできる．

- 表示ボタン：レイヤの中の図形が表示される
- 非表示ボタン：レイヤの中の図形が非表示になる
- ロックボタン：レイヤの中の図形が編集できなくなる
- ロック解除ボタン：レイヤの中の図形が編集できる

(3)　大きいアイコンボタン

各レイヤの図形をイメージとして表示する．

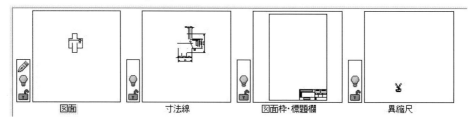

(4) 作図レイヤの設定

　多機能ビューの［作図レイヤ］タブをクリックしておく．
ペンマークがついているレイヤが［作図レイヤ］であり，このレイヤに図形が描かれる（図 2-10）．作図レイヤは［非表示］にしたり［編集ロック］することはできない．作図レイヤを切り替えるときは，切り替え先のレイヤ（例：レイヤ_2）の電球マーク左横付近をクリックする．するとペンマークがそのレイヤに移動し，以降，作図図形は「レイヤ_2」に描かれる．

　「レイヤ_2」での作図が終了すれば，必要に応じ作図レイヤを「レイヤ_1」に戻しておく．

2.3.4 文字の設定

　作図する文字の設定を行う．文字は，すべて用紙上（印刷上）の大きさで指定する．

(1) ［設定］－［文字設定］コマンド

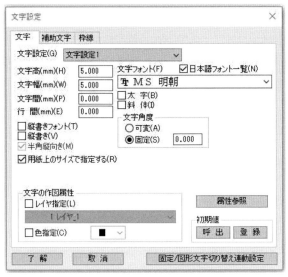

図 2-11　文字設定ダイアログ

　通常は，図 2-11 のデフォルト設定のままで問題ないが，必要に応じ（込み入った箇所など），文字高と文字幅を小さくする（5 ⇒ 3.5 など）等の対応をすればよい．なお，文字高と文字幅は同一でよい．

2.3.5 寸法線の設定

　作図する寸法線の設定を行う．サイズはすべて用紙上（印刷上）の大きさで指定する．

(1) ［設定］－［寸法設定］コマンド
(a) 「文字」タブ

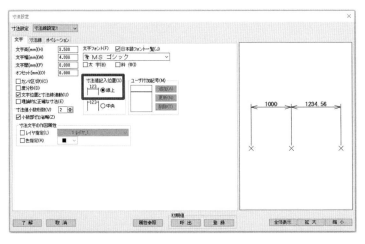

図 2-12　寸法設定ダイアログ（文字タブ）

　通常は図 2-12 のデフォルト設定のままで問題ない．ただ，寸法記入位置は「中央」も選べるようになっているが，「線上」のままにしておく（「中央」は旧規格）．

(b) 「寸法線」タブ

　寸法線でそれぞれの位置に使われる記号の種類や大きさなどの設定を行う．

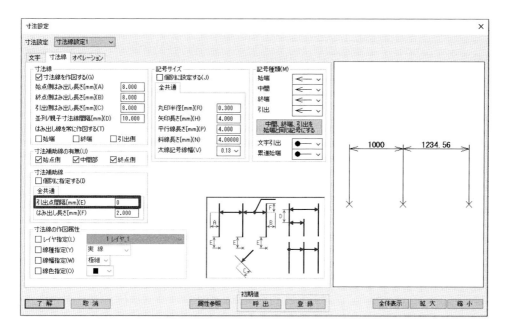

図 2-13　寸法設定ダイアログ（寸法線タブ）

　通常は図 2-13 のデフォルト設定のままで問題ないが，「寸法補助線」の引出点間隔については，特に支障がない限り，0 にしておく．

2.4 よく用いる作成コマンド

　マルチパレットの作図タブから選択するか，［作図］－［線分］メニュー中のコマンドを使用する．マウスでクリックして作図していくが，補助線を用いて下書きしながら作図してもよい．

2.4.1 線分の作成

　［作図］－［線分］－［線分］をクリックする

[表示されるメッセージ]
「始点を指示してください」

ダイナミックガイドに始点の **X，Y** 座標が表示されているが，ここでは無視してよい．

- ■ マウスで任意の位置を始点としてクリックする．

　マウスを始点から動かすと仮想線（ラバー）が表示される．

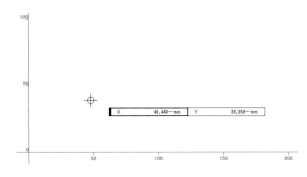

[表示されるメッセージ]
「終点を指示してください」

ダイナミックガイドに線分の長さと角度が表示されているが，同じく無視してよい．

（ダイナミックガイドの表示が表記と異なる場合もある）

- ■ マウスで任意の位置を終点としてクリックし，線分の作図が完了する．

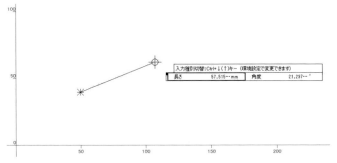

2.4.2　補助線を利用した線分の作成

　補助線とは，作図線を描くための下書き線である．画面上に表示したまま印刷しても，印刷はされない．補助線には，水平補助線，垂直補助線，十字補助線の他にも，種々の補助線が用意されているので，目的に応じたものを選ぶとよい．ここでは，十字補助線を用いた線分の作成を行う．

　［補助］－［十字補助線］をクリックする

[表示されるメッセージ]
「基準点を指示してください」

■　任意の位置でクリックする
　十字補助線が表示される．

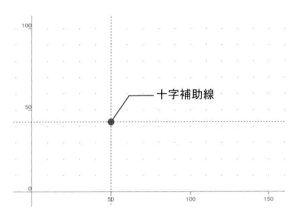

　［作図］－［線分］－［線分］をクリックする

[表示されるメッセージ]
「始点を指示してください」

■　補助線の交点付近にカーソルを近づけると，交点のナビゲーションマーク（✖）が表示されるのでクリックする

[表示されるメッセージ]
「終点を指示してください」

■　線上にカーソルを乗せ，ナビゲーションマーク（➡）が表示されたことを確認してクリックする．

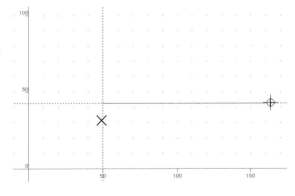

2.4.3 数値入力を使用した線分の作成

次にキーボードから数値を入力して線分を作成する方法について説明する.

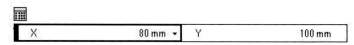

図 2-14 ダイナミックガイド

(1) 絶対座標入力で四角形を作成する

［作図］－［線分］－［連続線］をクリックする

すると，図面ウィンドウのカーソルの右下には図 2-14 のようなダイナミックガイドが表示される.

以降で数値入力後の（CR）は，キャリッジリターン（Enter キー押下げ）を表す.

┌─────────────┐
│表示されるメッセージ│
└─────────────┘

「連続線」「始点を指示してください」

　80，100（CR）

80 はダイナミックガイドの X 座標であり，100 は Y 座標である. X 座標から Y 座標入力への切り替えは，上記のように，（カンマ）入力の他，Tab キーを押しても可能である. また，「,（カンマ）」の代わりに「.（ピリオド）」を 2 回連続で入力しても同じ操作ができる.

┌─────────────┐
│表示されるメッセージ│
└─────────────┘

「連続線」「通過点を指示してください」.

以降，座標入力ごとに同様のメッセージが続くので省略する.

　170，100（CR）
　170，170（CR）
　　80，170（CR）
　　80，100（CR）

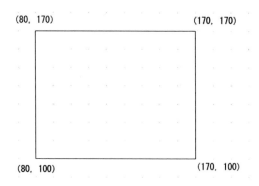

図 2-15 絶対座標による四角形の作成

(2) 相対座標で三角形を作成する

［作図］－［線分］－［連続線］をクリックする

任意の点 A をクリックする.

数値を入力する前に［＋］キーまたは［－］キーを押して相対入力に切り替える.

+50, 0（CR）

+0, 65（CR）

点 A をクリックして三角形を完成させる.

図 2-16　相対入力ダイナミックガイド

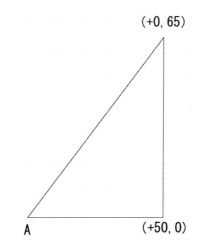

図 2-17　相対座標による三角形の作成

(3) 極座標で平行四辺形を作成する

［作図］－［線分］－［連続線］をクリックする

任意の点 A をクリックする.

Cntl＋↓(↑) キーで極座標入力（［長さ］と［角度］）に切り替える.

50, 0（CR）

50, 120（CR）

50, 180（CR）

点 A をクリックして平行四辺形を完成させる.

［長さ］から［角度］入力への切り替えは,（カンマ）入力の他, Tab キーを押しても可能である.

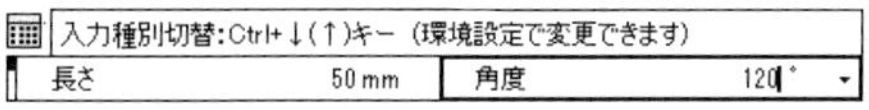

図 2-18　極座標入力ダイナミックガイド

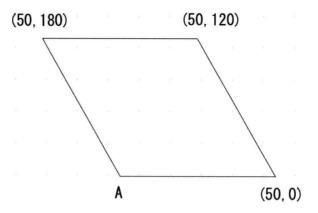

図 2-19　極座標による平行四辺形の作成

2.4.4　文字の記入と編集

(1)　文字記入のための入力欄の準備

任意の位置に文字配置用の枠線を準備する．図 2-20 の寸法は 1 例である．

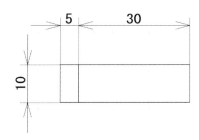

図 2-20　文字記入枠

(2)　横書きの文字を記入する

［作図］－［文字］－［文字］をクリックする．

| 表示されるメッセージ |
「必要な項目を設定してください」
文字列に「六角ボルト」と入力する．
「図形文字」を選択する．
「配置基準」で左下を選択する．
「了解」ボタンを押す．

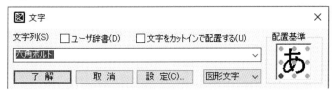

| 表示されるメッセージ |
「基準点を指示してください」
幅 30mm の枠内の適切な位置に配置する．

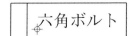

(3)　縦書きの文字を記入する

(a)　方法 1

［作図］－［文字］－［文字］をクリックする．

| 表示されるメッセージ |
「必要な項目を設定してください」
文字列に「図名」と入力する．
「図形文字」を選択する．
「配置基準」で左上を選択する．
「設定」ボタンを押す．

「縦書きフォント」にチェックを入れる.

「文字角度」の「固定」を選択し,記入枠に角度として「−90」と入力する.

「了解」をクリックする.

「文字設定」ダイアログが閉じたら,もう一度,「了解」をクリックする.

「基準点を指示してください」

幅5mmの縦枠内の適切な位置に配置する.

表題欄を想定した枠内に,縦書き,横書きの文字が記入された.

(b) 方法 2

［作図］−［文字］−［文字箱枠］をクリックする.

「設定」をクリックする.

「縦書きフォント」にチェックを入れる.

文字列に「図名」と入力する.

水平方向書式,垂直方向書式欄で「センタリング」が選択されていることを確認する.

「了解」をクリックする.

「基準点を指示してください」

点「a」をクリックする.

「対角点を指示してください」

点「b」をクリックする.

「方向角度を指示してください」

「Enter」キーを押す．
縦書きの文字が作成された．

(4) 文字列の内容を変更する

　2.4.4(2)で記入した「六角ボルト」を「四角ボルト」に変更
してみる．
　「編集」－「文字編集」－「文字置換」をクリックする．

　表示されるメッセージ
　「変更する文字列を選択してください」
　「六角ボルト」と書かれた文字列を
クリックして選択する．

　表示されるメッセージ
　「必要な項目を設定してください」
　文字置換ダイアログの文字列欄を
「四角ボルト」に変更する．
　「了解」ボタンを押す．

　表示されるメッセージ
　「基準点を指示してください」
　入力欄の横書きスペースに収まるように文字を配置する．
この際，入力欄の幅が足りなくなるおそれがある場合は，あらかじめ
広げておく．

　表示されるメッセージ
　「方向角度を指示してください」
　「Enter」キーを押す．

2.5 多用する修正コマンド

2.5.1 削除

(1) 図形消去, 削除コマンド演習用の図形を作成する

(a) 連続折れ線を作図する

［作図］−［線分］−［連続線］コマンドをクリックする.

始点から順に折れ点を指定していき演習用の折れ線を作図する.

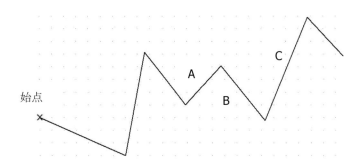

(2) 図形を1本1本削除する

(a) コマンドを使わないで削除する

線分Bをクリックして選択する.

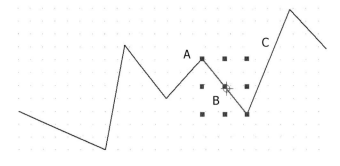

「Delete」キーを押して線分 B を削除する.

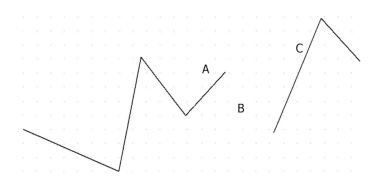

(b)　［図形消去］コマンドで１つまたは複数の図形を削除する

線分 A と C を，始点および領域の対角点を指示して選択する.

［編集］－［図形編集］－［図形消去］コマンドを選択する.

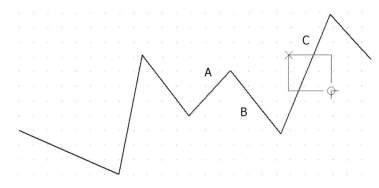

線分 A を選択し終えると次のメッセージが表示されるので，右クリックで「追加」を選択し，線分 C も選択する.

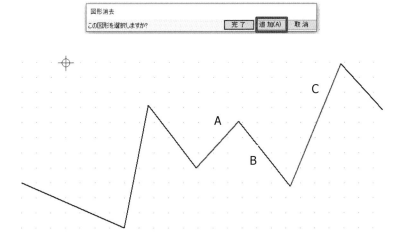

次のメッセージが出るので，左クリックで「完了」を選択する．

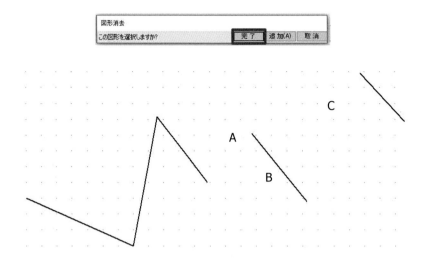

(c) ［選択削除］コマンドで複数の図形を選択削除する

　［編集］－［図形編集］－［選択削除］コマンドを選択する．

　「領域の1点目を指示してください」とのメッセージが出るので，線分A近辺の始点を指示する．続いて「領域の対角点を指示してください」とのメッセージが出るので，線分C近辺の対角点を指示し，線分A, B, Cを部分的に含む長方形の領域を指示する．

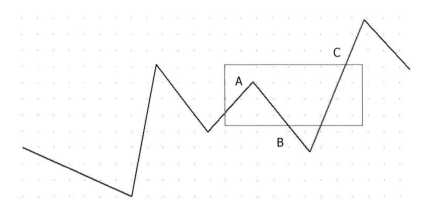

　「この図形を削除しますか?」とのメッセージが出るので，左クリックで「はい」を選択する．

　次に線分 B が赤色にハイライト表示されると同時に,「この図形を削除する（左ボタン）しない（右ボタン)」とのメッセージが出るので, 左クリックで「はい」を選択する.

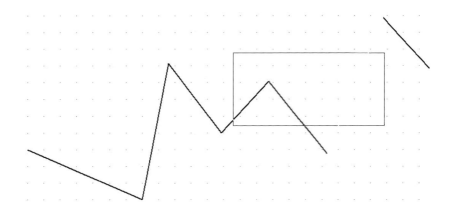

　すると, 線分 B が削除されると同時に線分 A が赤色にハイライト表示されると同時に,「この図形を削除する（左ボタン）しない（右ボタン)」とのメッセージが出るので, 左クリックで「はい」を選択する.

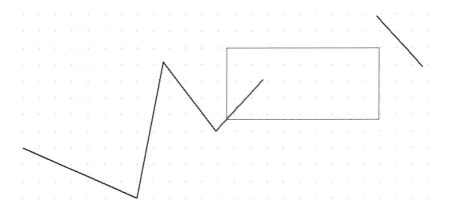

　すると, 線分 A が削除され, 下図の状態で「選択削除」完了となる.

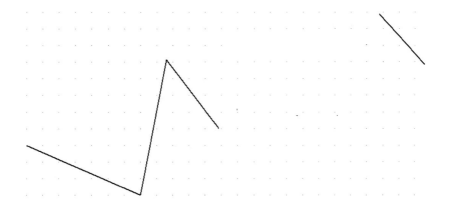

2.5.2 複写

(1) 線分を複写する

点 A（X 座標 80，Y 座標 100）と点 B（X 座標 150，Y 座標 70）を結ぶ線分の複写を行う．

(a) 「編集」－［図形編集］－［図形複写］をクリックする

表示されるメッセージ

「領域の 1 点目を指示してください」

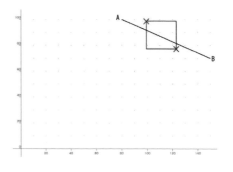

(b) 複写したい線の一部を囲むように 1 点目をクリックする

表示されるメッセージ

「領域の対角点を指示してください」

(c) 複写したい線の一部が含まれるように対角点をクリックする

表示されるメッセージ

「選択完了（左ボタン）追加（右ボタン）」

(d) マウスの左ボタン（完了）をクリックする

表示されるメッセージ

「複写基準点を指示してください」

(e) 線の斜め上側の端点にカーソルを近づけ，交点のナビゲーションマーク(✖)が表示されたらクリックする ⟵

表示されるメッセージ

「複写先の点を指示してください」

(f) キーボードから「－25」と入力する．

ダイナミックガイドの X 座標の部分が±表示になり，相対入力モードになる．

「，（カンマ）」キーを押すか「Tab」キーを押してフォーカスを Y に移動する．

「－45」と入力する．

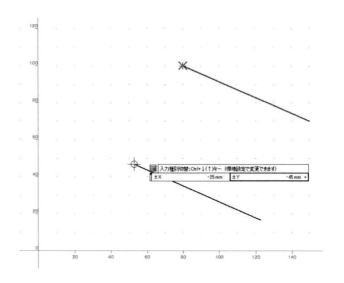

(b) 基準線 c をクリックする

「通過点又は，間隔を指示してください」

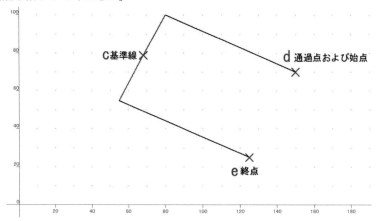

(c) 通過点および，始点も兼ねる d をクリックする

「始点を指示してください」

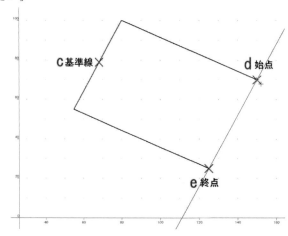

(d) 始点となる d を再度クリックする

表示されるメッセージ

「終点又は，長さを指示してください」

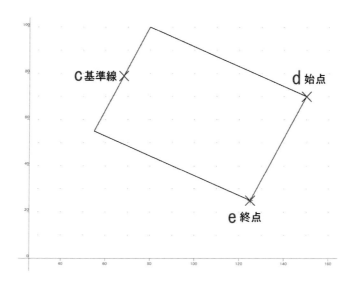

(e) 終点 e をクリックする

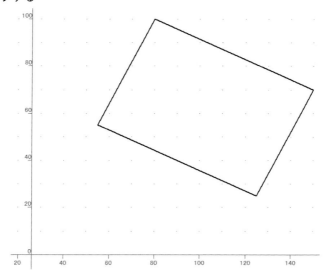

(f) 右クリックメニューの［コマンド終了］をクリックする

2.5.4 寸法線の作図

寸法線を作図するには，［作図］－［寸法線］メニューの中のコマンドを使用する．

(1) 作図レイヤを変更する

作図レイヤを「レイヤ_1」から「レイヤ_2」に変更してみる．

(a) 多機能ビューの「作図レイヤ」タブをクリックする

(b) ○印付近（レイヤ_2 の電球マーク左横付近）で
クリック
ペンマーク（ ）が「レイヤ_2」に移動する
今後，作図する図形は「レイヤ_2」に作図される

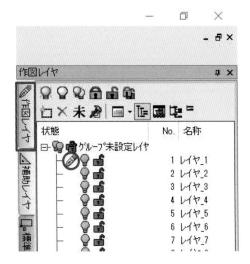

(2) 水平寸法を作図する

(a) ［作図］－［寸法線］－［水平寸法］コマンドをクリック
表示されるメッセージ
「始点を指示してください」

(b) 点 a をクリック
表示されるメッセージ
「終点を指示してください」

(c) 点 b をクリック
表示されるメッセージ
「通過点又は，間隔を指示してください」

(d) 点 c をクリック
表示されるメッセージ
「必要な項目を設定してください」

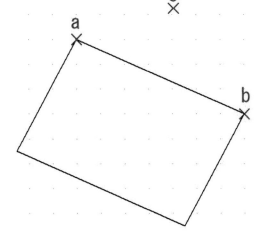

(e) 図のように設定し，「了解」ボタンを
　　押す．

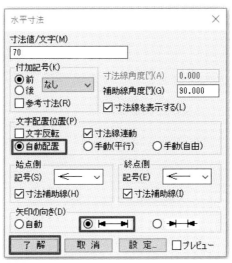

(f) 水平な寸法線が作図される

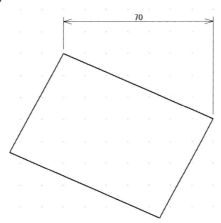

(3) 垂直寸法を作図する

(a) ［作図］－［寸法線］－［垂直寸法］コマンドをクリック

　表示されるメッセージ

　　「始点を指示してください」

(b) 点aをクリック

　表示されるメッセージ

　　「終点を指示してください」

(c) 点bをクリック

　表示されるメッセージ

　　「通過点又は，間隔を指示してください」

(d) 点cをクリック

　表示されるメッセージ

　　「必要な項目を設定してください」

(e) 右図のように設定し，「了解」ボタンを
　　押す．

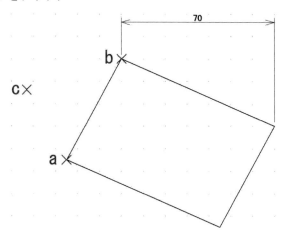

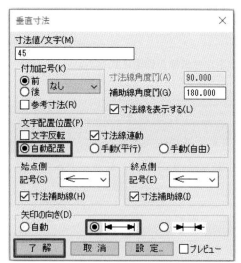

(f) 垂直な寸法線が作図される

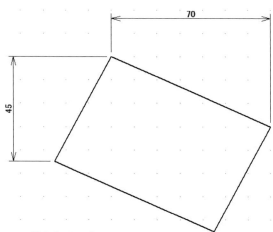

(4) 距離寸法を作図する

　距離寸法を作図してみる．

(a) ［作図］－［寸法線］－［距離寸法］コマンドをクリック

表示されるメッセージ
「始点を指示してください」

(b) 点 a をクリック

表示されるメッセージ
「終点を指示してください」

(c) 点 b をクリック

表示されるメッセージ
「通過点又は，間隔を指示してください」

(d) 点 c をクリック

表示されるメッセージ
「必要な項目を設定してください」

(e) 右図のように設定し，「了解」ボタンを
押す．

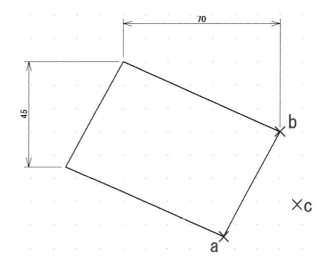

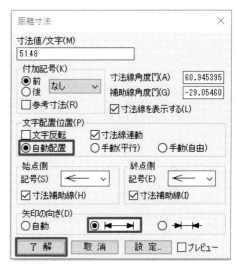

(f) 距離寸法線が作図される

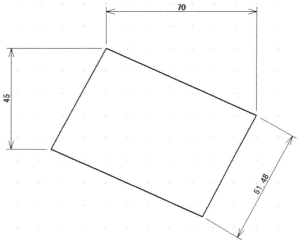

2.6 図脳 RAPIDPRO の基本操作

2.6.1 作図画面の制御

(1) 拡大・縮小

メニューバーの［表示］メニューをクリックすると，種々の画面制御コマンドが選べるが，主要なもののみ説明する.

(a) ［表示］－［範囲拡大］コマンド

作図画面上で指示した矩形領域が図面ウィンドウ内に収まる最大サイズまで拡大表示される.

(b) 「表示」－［基準画面］コマンド

用紙枠全体が図面ウィンドウ内に収まる最大サイズまで拡大表示される.

(c) マウスホイールによる拡大・縮小操作

ホイール付きマウスのマウスホイールを回転させて拡大・縮小を行う. 初期設定では，マウスホイールを前方に回せば拡大，後方に回せば縮小されるが，［設定］－「環境設定」コマンドの［マウスホイール］で変更することも可能である.

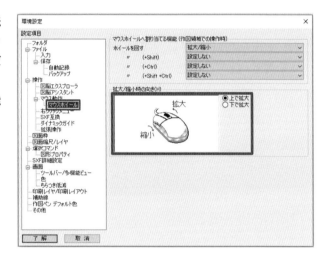

(2) 画面移動

(a) マウスの右ボタンドラッグ操作

マウスの右ボタンを押しながらドラッグを行うと，カーソルが拳を握りしめたアイコンに変化して画面の表示位置が移動できる.

こちらも，［設定］－［環境設定］コマンドの［マウス動作］で変更することが可能である.

作図画面の制御は，上記のマウスホイールによる拡大・縮小と，右ボタンドラッグによる操作で実用上問題なく操作可能である. カスタマイズの必要性が生じた際に［設定］－［環境設定］コマンドで変更すればよい.

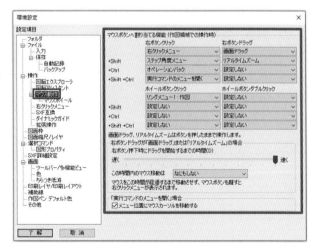

(3) サーチ機能

(a) サーチ機能

CAD 上で作図を正確に行う機能．カーソルのサーチ範囲内にある一番近い「交点」「端点」「線上点」「グリッド点」「中点」「中心点」などに吸着するが，これらは，「設定」－「サーチ設定」ダイアログボックスの「サーチモード」タブで設定できる．

■ 「サーチモード」タブ

「サーチモード」欄で吸着したい要素にチェックを付けることで，サーチ範囲内に存在する要素に吸着する．初期設定では，「交点」「端点」「線上点」にチェックが付けられている．

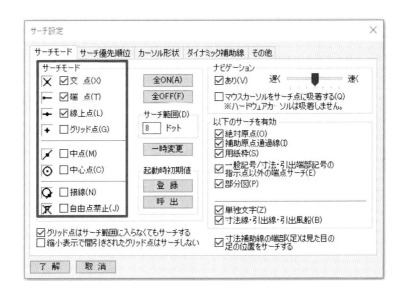

(b) サーチウィンドウ機能

作図する際に［始点］あるいは［終点］をクリックする指示が出た際，狭いエリアに複数の線が混在していてクリックしづらい場合がある．そのような場合に，［Shift］キーを押しながら［Tab］キーを押すことで，カーソル位置の拡大図が表示される．

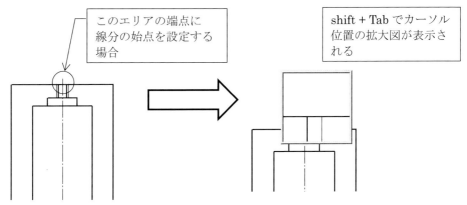

このエリアの端点に
線分の始点を設定する
場合

shift + Tab でカーソル
位置の拡大図が表示される

［設定］−［サーチ設定］ダイアログボックスの［その他］タブのサーチウィンドウ欄でサーチウィンドウのサイズを変更できる．

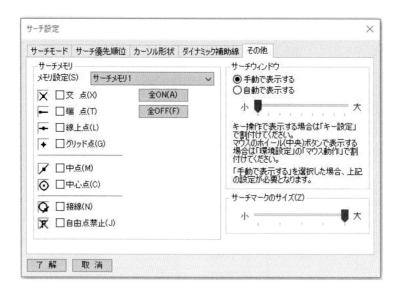

2.6.2　右クリックメニュー

　マウスの右ボタンから，実行中のコマンドに関する機能を選択できる．これを「右クリックメニュー」というが，このメニューを活用することで，作図作業の効率化が図れる．メニューの内容は，実行しているコマンドによって変わってくるが，ここでは主要なもののみ説明する．

■　　［作図］−［線分］コマンド実行時

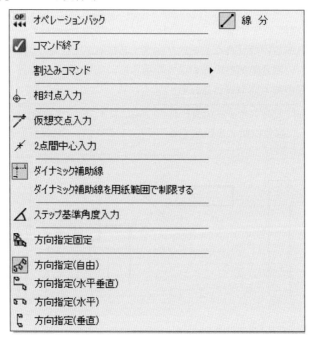

項目	説明
オペレーションバック	［線分］の［終点］指示前であれば，［始点］の指示がキャンセルされ，もう一度，［始点］を指示する状態に戻る．［終点］指示後なら［終点］のカーソルが消えるが，［線分］に変化はない．
コマンド終了	現在実行中のコマンドを終了する．

2.6.3　UNDO・REDO・オペレーションバック

UNDO と REDO，オペレーションバックについて説明する．

■　UNDO

操作を終えた内容を取り消したい場合は，［編集］－［○○の取消コマンド］をクリックして操作を取り消す．［Ctrl］キーを押しながら［Z］キーを押す方法でも同じ操作ができる．○○の部分には，直前に行っていた操作内容（連続線など）が入る．

■　REDO

取り消した内容を復活させたい場合は，［編集］－［○○の繰返し］コマンドをクリックする．
［Ctrl］キーを押しながら［Y］キーを押す方法でも同じ操作ができる．

■　UNDO とオペレーションバック（右クリックメニュー）の違い

［UNDO］は，［完了した作業を取り消す］ことを意味し，［オペレーションバックは，［操作途中の作業を取り消す］ことを意味する．両者の違いは，非常にわかりにくいが，後者は［1つ前の手順に戻る］と理解するとよい．以下，作図例を元に説明する．

（作図例）下記のような連続線を作図している場合を考える．このときに，［UNDO］と［オペレーションバック］コマンドを実行した場合は，次の表のようになる．

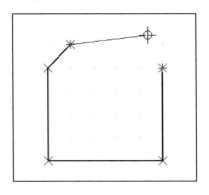

UNDO コマンド指示の場合	オペレーションバック指示の場合
1 つ前の指示点までの線分を残し，作図作業を終了する．	1 つ前の指示点まで戻り，続けて次点の指示が可能となる．

3. 基本演習

3.1　新規ファイルの設定

3.1.1　図面縮尺，サイズの設定

［ファイル］−［新規作成］をクリックする．

［標準］タブの［図面情報を指定して作成］をクリックする．

［了解］ボタンを押す．

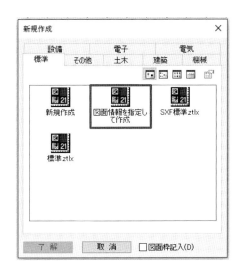

ファイル名に［基本演習−Vブロック］と入力する．

［図面名］に［Vブロック］と入力する．

［作者名］に［設計者1］と入力する（必要に応じ，他の適切な作者名を入力する）．

［縮尺］に［1/1］と入力する．

［用紙］欄で［A4］を選択する．

［用紙の向き］欄で［縦］を選択する

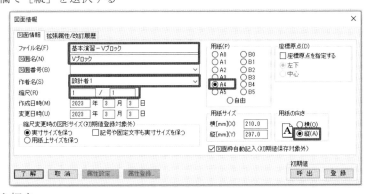

［了解］ボタンを押す．

3.2 Ｖブロックの作図

以下のようなＶブロックの図面を作成する．

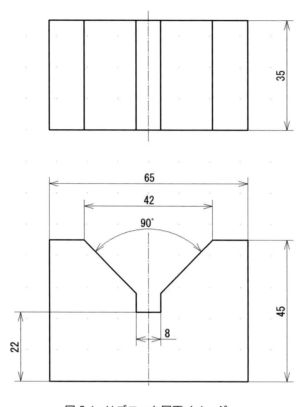

図 3-1 Ｖブロック図面イメージ

3.2.1　入力画面準備

(1) 作図のための準備を行う

多機能ビューで［レイヤ_1］のレイヤをクリックして選択し，［レイヤ名称］の上でクリックする．

名称に［外形線］と入力する．

［了解］ボタンを押す．

続けて，［レイヤ_2］，［レイヤ_3］の名称を［寸法線］，［中心線］に変更する．

「作図レイヤ」のペンマークが［外形線］にあることを確認し，「作図切替」ツールバー「線幅」の一覧から「中線」をクリックする．なお，作図図面サイズによっては，［太線］を選んでもよい．

続けて，［寸法線］の線種を［実線］，線幅を［極細］にし，［中心線］の線種を［一点長鎖線］，線幅を［極細］にする．

(2) 文字の設定を行う

［設定］－［文字設定］をクリックする．

［文字］タブをクリックする．

［文字高］と［文字幅］に［5］と入力する．
なお，この数値は図面サイズや社内基準によって
変更してよい．

［文字フォント］［MS ゴシック］にする．

［了解］ボタンを押す．

(3) 寸法線の設定を行う

[設定] － [寸法設定] をクリックする.

[文字高] と [文字幅] に [3.5] と入力する.

[文字フォント] を [MS ゴシック] にする.

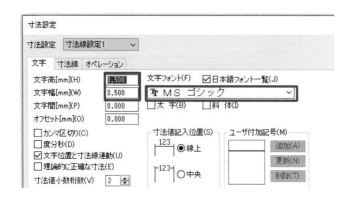

「寸法線」タブをクリックする.

[矢印長さ] に [3] と入力する.

[寸法補助線] 欄の [引出点間隔] に [0] と入力する.

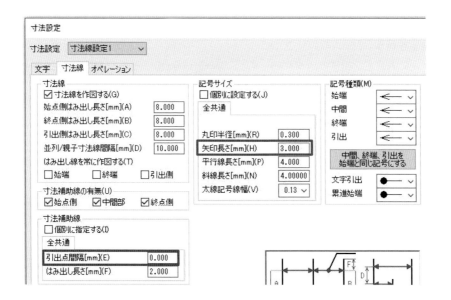

[了解] ボタンを押す.

(4) 引出線の設定を行う

　　［設定］－［引出線設定］をクリックする．

　　［文字］タブをクリックする．

　　［文字フォント］を［MSゴシック］にする．

　　［文字高］と［文字幅］に［3.5］と入力する．

　　［引出線］タブをクリックする．

　　［矢印長さ］に［3］と入力する．

　　［了解］ボタンを押す．

3.2.2　外形線を作図するための補助線を作成する

　　［補助］－［垂直補助線］をクリックする．

　　┌──────────────┐
　　│表示されるメッセージ│
　　└──────────────┘
　　X座標を指示してください．

　　100（CR）

　　┌──────────────┐
　　│表示されるメッセージ│
　　└──────────────┘
　　X座標を指示してください．

　　＋32.5（CR）

　　┌──────────────┐
　　│表示されるメッセージ│
　　└──────────────┘
　　X座標を指示してください．

　　－65（CR）

［補助］－［補助平行］をクリックする．

表示されるメッセージ
図形を選択してください．
X 座標 100 の補助線を選択する（クリックする）．

表示されるメッセージ

基準点又は，間隔を指示してください．
カーソルを，選択した X 座標 100 の垂直補助線より右側に持って行き，［4］と入力する．

表示されるメッセージ
図形を選択してください．
X 座標 100 の補助線を選択する．

表示されるメッセージ
基準点又は，間隔を指示してください．
カーソルを X 座標 100 より左側に持って行き，［4］と入力する．

表示されるメッセージ
図形を選択してください．
X 座標 100 の補助線を選択する．

表示されるメッセージ
基準点又は，間隔を指示してください．
カーソルを X 座標 100 より右側に持って行き，［21］と
入力する．

表示されるメッセージ
図形を選択してください．
X 座標 100 の補助線を選択する．

表示されるメッセージ
基準点又は，間隔を指示してください．
カーソルを X 座標 100 より左側に持って行き，［21］と
入力する．

垂直補助線が作成される．

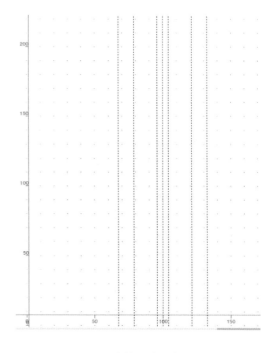

図 3-2 垂直補助線作成状態

「補助」－［水平補助線］をクリックする．

表示されるメッセージ
Ｙ座標を指示してください．
50（CR）

表示されるメッセージ
Ｙ座標を指示してください．
95（CR）

表示されるメッセージ
Ｙ座標を指示してください．
130（CR）

表示されるメッセージ
Ｙ座標を指示してください．
165（CR）

水平・垂直補助線が作成された．

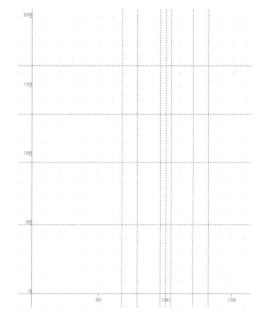

図 3-3 水平・垂直補助線作成状態

3.2.3　外形線を作成する

(1) 平面図を作成する

「作図」－［多角形］－［長方形］をクリックする．

表示されるメッセージ
1点目を指示してください．
交点Aをクリックする．

表示されるメッセージ

対角点を指示してください.
交点 B をクリックする.

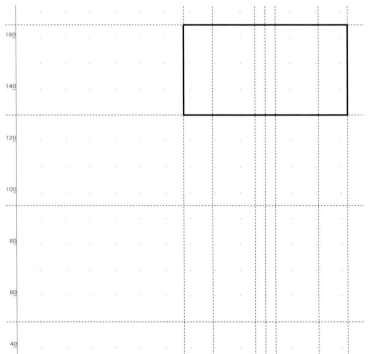

平面図外形が作成された.

平面図の残りの線を作成する．

［作図］－「線分」－「線分」をクリックする．

表示されるメッセージ

始点を指示してください．

交点 C をクリックする．

表示されるメッセージ

終点又は，長さ・角度を指示してください．

交点 D をクリックする．

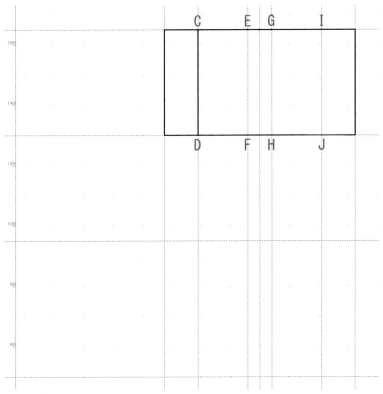

平面図の稜線 CD が作成された．

同様に他の稜線 EF，GH，IJ も作成する．

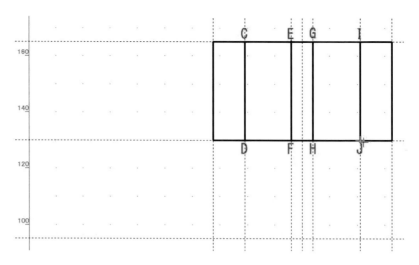

(2) 正面図を作成する

(a) 正面図用の補助線を作成する

[補助]−[角度補助線]を
クリックする.

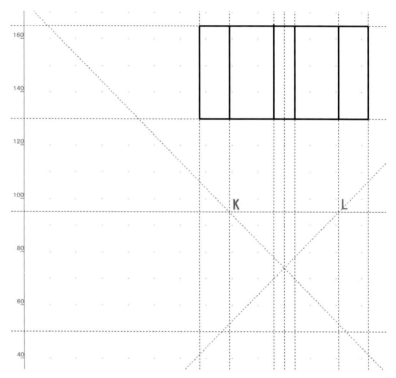

表示されるメッセージ
基準点を指示してください.
交点Kをクリックする.

表示されるメッセージ
通過点又は角度を指示して
ください.
−45（CR）

表示されるメッセージ
基準点を指示してください.
交点Lをクリックする.

表示されるメッセージ
通過点又は角度を指示して
ください.
45（CR）

［補助］－［補助平行］をクリックする．

表示されるメッセージ
図形を選択してください．
交点 K，L を通過する水平補助線を
クリックする．

［補助平行］ダイアグラムが表示される
ので，［はい］をクリックする．

表示されるメッセージ
基準点又は間隔を指示してください．
カーソルをクリックした水平補助線より
下側に移動し，以下を入力する．
23（CR）

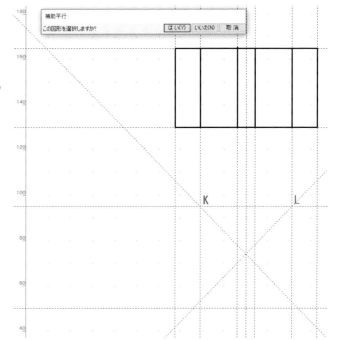

正面図の水平補助線（Y 座標：72）が
作成された．

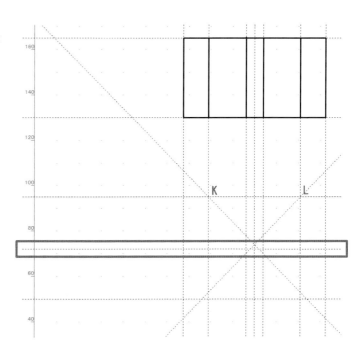

(b) 正面図の外形線を作成する

　[作図]－[線分]－[連続線]をクリックする.

表示されるメッセージ

始点を指示してください.

交点 R をクリックする.

表示されるメッセージ

通過点又は, 長さ・角度を指示してください.

交点 K をクリックする.

以降, 順に S, T, U, V, L, M, P, Q をクリックする.

再び, R をクリックした後, 右クリックで [コマンド終了] をクリックする.

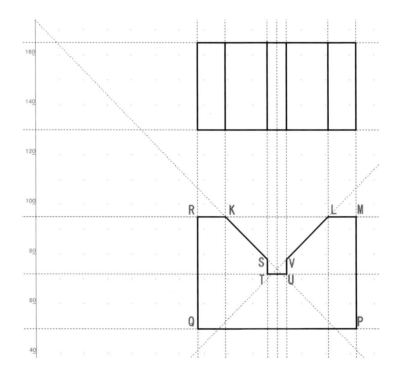

外形線が作成された.

(3) 中心線を作成する

レイヤをレイヤ3［中心線］に切り替える（ペンマークをレイヤ3に移動する）．

(a) 平面図の中心線を作成する

［作図］－［線分］－［線分］をクリックする．

表示されるメッセージ

始点を指示してください．

X座標100の垂直補助線上の［W］付近をクリックする．

表示されるメッセージ

終点又は，長さ・角度を指示してください．

同じくX座標100の垂直補助線上の［X］付近をクリックする．

(b) 正面図の中心線を作成する

平面図と同様にX座標100の垂直補助線上の［Y］付近，［Z］付近をクリックして正面図の中心線を作成する．

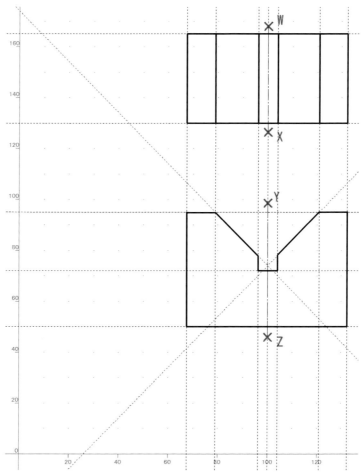

(c) 補助線をすべて消去する

　　　［補助］－［補助線全消去］をクリックする.

　　　［補助線全消去］ダイアログが表示されるので［はい］をクリックする.

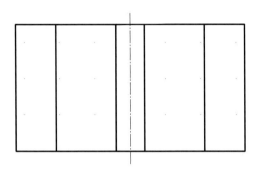

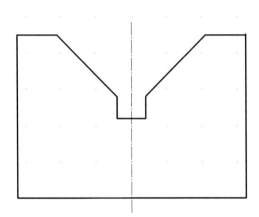

3.2.4　寸法を記入する

以下は，寸法記入後のイメージである．

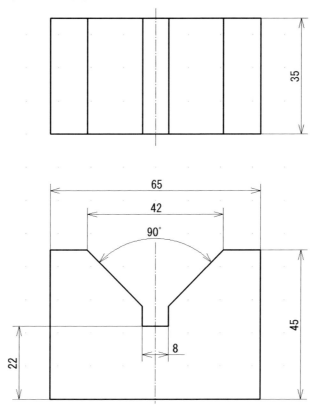

(1)　寸法線記入のための準備

　［多機能ビュー］の「作図レイヤ」タブで，ペンマークをレイヤ２の［寸法線］に切り替える．

［作図切替］ツールバーの「線幅」を［極細］にする.

(2) 寸法を記入する

「作図」-「寸法線」-［水平寸法］をクリックする.

表示されるメッセージ
始点を指示してください.
交点 A をクリックする.

表示されるメッセージ
終点を指示してください.
交点 B をクリックする.

表示されるメッセージ
通過点又は，間隔を指示してください.
点 J 付近をクリックする.

表示されるメッセージ
必要な項目を設定してください.
水平寸法の確認ダイアログが表示される. 矢印の向きは通常
は［自動］でよいが，寸法値と干渉するなどの場合は，［内向
き矢印］もしくは［外向き矢印］を選択してもよい.

表示されるメッセージ
配置点を指示してください.
中心線を避けて中心線付近をクリックする.

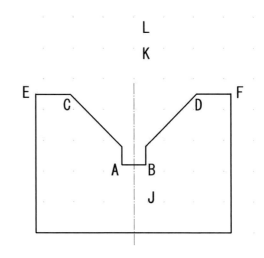

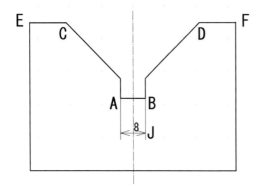

続いて正面図上面の幅寸法を記入する．

表示されるメッセージ
始点を指示してください．
交点Cをクリックする．

表示されるメッセージ
終点を指示してください．
交点Dをクリックする．

表示されるメッセージ
通過点又は，間隔を指示してください．
点K付近をクリックする．

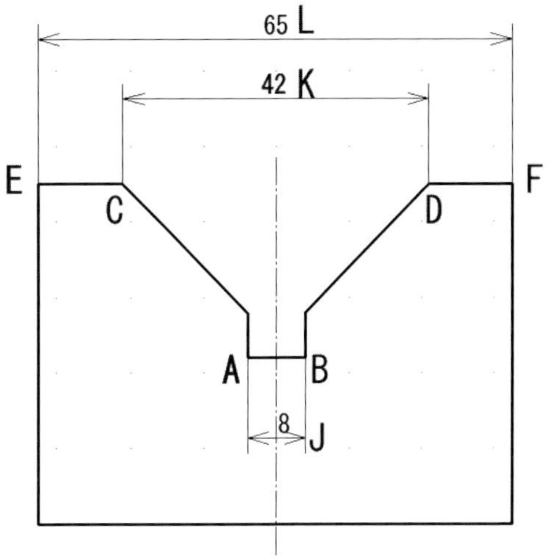

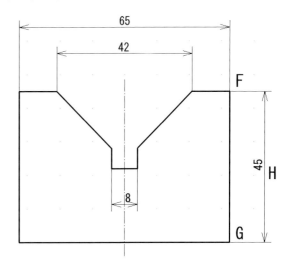

図 3-4　正面図幅寸法記入状態

表示されるメッセージ
必要な項目を設定してください．
溝幅8mmの時と同様，確認だけでよい．

表示されるメッセージ
配置点を指示してください．
中心線付近をクリックする．

同様に，交点E，F，点L付近を指示し，正面図の幅寸法を記入する．

　続いて正面図の高さ寸法を記入する．
　［作図］－［寸法線］－［垂直寸法］をクリック
する．
　表示されるメッセージに従い，交点F，G，点H付近
を指示し，正面図の高さ寸法を記入する（図3-5）．

図 3-5　正面図 高さ寸法記入状態

Vブロックの溝の高さ寸法を記入する.
　［作図］－［寸法線］－［垂直寸法］をクリックする.

　表示されるメッセージに従い，溝の左下端およびVブロックの左下端をクリックして高さ寸法を記入する.

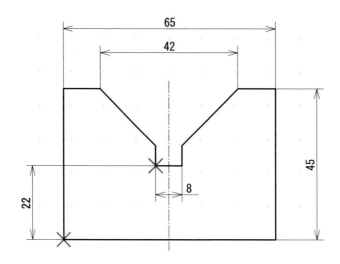

図 3-6　正面図溝高さ寸法記入状態

角度寸法を記入する.
　［作図］－［寸法線］－［角度寸法］－［角度寸法2線］をクリックする.

［表示されるメッセージ］
線分1を選択してください.
　Vブロックの－（マイナス）45度の斜面を
選択する.

［表示されるメッセージ］
線分2を選択してください.
　Vブロックの＋（プラス）45度の斜面を選択する.

［表示されるメッセージ］
円周上の点，又は半径を指示してください.
　点J付近をクリックする.

［表示されるメッセージ］
必要な項目を設定してください.
　寸法値/文字が［90°］になっていて，文字配置が
［手動（平行）］になっていることを確認する.
　［了解］ボタンを押す.

表示されるメッセージ

配置点を指示してください

円弧上側で中心線付近をクリックする．

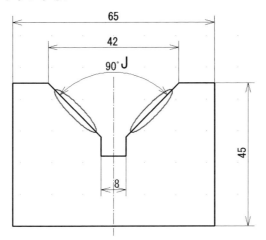

角度寸法が記入された．

Vブロックの作図が完了した（再掲）．

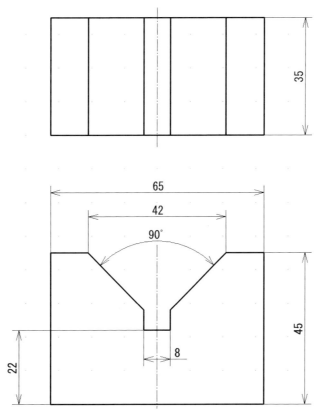

3.3　押さえプレートの作図

以下のような押さえプレートの図面を作成する.

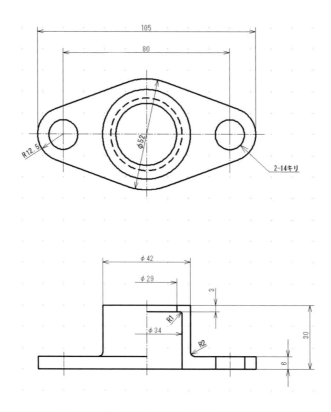

図 3-7　押さえプレート完成図イメージ

3.3.1　外形線を作図するための補助線を作成する

中心線用の補助線を作成する．

［補助］－［垂直補助線］をクリックする．

表示されるメッセージ

X 座標を指示してください．

100（CR）

正面図の高さ方向の補助線を作成する．

［補助］－［水平補助線］をクリックする．

表示されるメッセージ

Y 座標を指示してください．

50（CR）

表示されるメッセージ

Y 座標を指示してください．

56（CR）

表示されるメッセージ

Y 座標を指示してください．

80（CR）

表示されるメッセージ

Y 座標を指示してください．

77（CR）

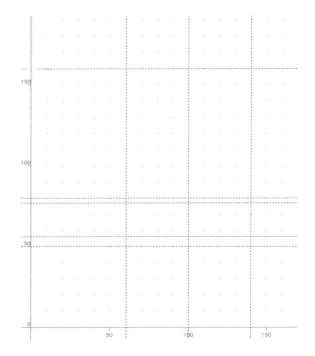

図 3-8　水平・垂直補助線作成状態

平面図の φ14 の穴（2 箇所）の中心線用の補助線を作成する．

［補助］－［垂直補助線］をクリックする．

表示されるメッセージ

X 座標を指示してください．

60（CR）

表示されるメッセージ

X 座標を指示してください．

140（CR）

3.3.2 平面図の外形線を作成する

3.2のVブロックの作図と同様に，多機能ビューでペンマークが［レイヤ_1］の［外形線］にあることを確認し，「作図切替」ツールバーの［線種］が［実線］になっていて，「線幅」が「中線」になっていることを確認する．もし異なっている場合は，それぞれ［実線］および［中線］に設定する．

　［作図］－［円/円弧］－［円(中心)］をクリックする．

　┌─────────────┐
　│表示されるメッセージ│
　└─────────────┘
　中心点を指示してください．
　交点Aをクリックする．

　┌─────────────┐
　│表示されるメッセージ│
　└─────────────┘
　円周上の点，又は半径を指示してください．
　14.5（CR）
　もし，表示されるメッセージが上記と異なる場合は，Ctrl＋↓（↑）キーを何回か押して［入力種別切替］を行う．

　┌─────────────┐
　│表示されるメッセージ│
　└─────────────┘
　中心点を指示してください．
　交点Aをクリックする．

　┌─────────────┐
　│表示されるメッセージ│
　└─────────────┘
　円周上の点，又は半径を指示してください．
　21（CR）

　┌─────────────┐
　│表示されるメッセージ│
　└─────────────┘
　中心点を指示してください．
　交点Aをクリックする．

　┌─────────────┐
　│表示されるメッセージ│
　└─────────────┘
　円周上の点，又は半径を指示してください．
　26（CR）

　半径17のかくれ線の円の破線を作成するため，「作図切替」ツールバーの［線種］を［破線］に変更する．

表示されるメッセージ
中心点を指示してください．
交点 A をクリックする．

表示されるメッセージ
円周上の点，又は半径を指示してください．
17（CR）

押さえプレート左側の，半径 7 の円と左側の半径 12.5 の円を作成する（右側の円は，後にトリミングを行ってからミラー複写するので，ここでは作成しない）．
再び外径線を作成するので，「作図切替」ツールバーの［線種］を［実線］に戻す．

表示されるメッセージ
中心点を指示してください．
交点 B をクリックする．

表示されるメッセージ
円周上の点，又は半径を指示してください．
7（CR）

表示されるメッセージ
中心点を指示してください．
交点 B をクリックする．

表示されるメッセージ
円周上の点，又は半径を指示してください．
12.5（CR）

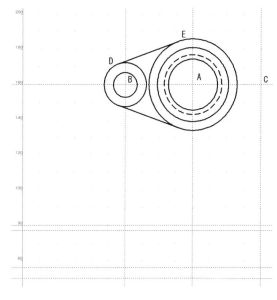

図 3-9　平面図の円および接線の作成状態

続いて平面図の残りの外形線を作成する.

「作図」−［線分］−［円/円接線］をクリックする.

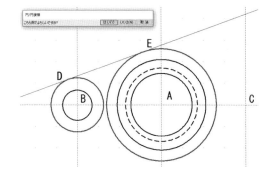

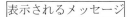

表示されるメッセージ

図形 1 を選択してください.

左側の半径 12.5 の円をクリックする.

表示されるメッセージ

図形 2 を選択してください.

半径 26 の円をクリックする.

表示されるメッセージ

よろしいですか？はい（左ボタン）いいえ（右ボタン）

［円/円接線］指定ダイアログが表示され，［こちら側でよろしいですか？］と聞いてくるので，［はい］をクリックする.

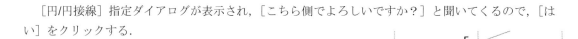

表示されるメッセージ

始点を指示してください.

半径 12.5 と半径 26 の円を結ぶ接線の接点の点 D 付近にカーソルを持っていくと，交点ナビゲーションマーク（✖）が表示されるのを確認して半径 12.5 の円をクリックする.

表示されるメッセージ

終点を指示してください.

同様に接点 E 付近に交点ナビゲーションマークが表示されるのを確認して半径 26 の円をクリックする.

半径 12.5 の円と半径 26 の円を結ぶ接線が作成された.

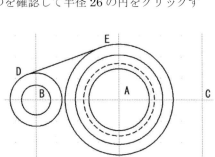

次に今作成した接線をもとにミラー複写コマンドで残りの接線を作成する.
［編集］－［図形編集］－［ミラー編集］－［ミラー複写（軸)]をクリックする.

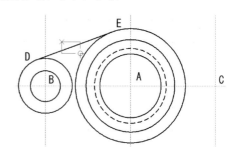

表示されるメッセージ
領域の1点目を指示してください.
作成した接線を含む四角形の1点目をクリックする.

表示されるメッセージ
領域の対角点を指示してください
四角形の対角点をクリックする.

表示されるメッセージ
選択完了(左ボタン) 追加ボタン(右ボタン)

同時にミラー複写の選択完了ダイアログが表示されるので,
［完了]をクリックする.

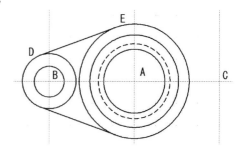

表示されるメッセージ
対称軸図形を指定してください.
円の中心 A を通る水平補助線をクリックする.

ミラー複写による下側の接線が作成された.

右クリックメニューから［コマンド終了]をクリック
する.

左側の半径 12.5 の円を［中抜き切断]して接線 D，E にスムースにつなげる形状にトリムする.
「編集」－「詳細編集」－［トリミング]－［中抜き切断]をクリックする.

表示されるメッセージ
図形を選択してください.
半径 12.5 の円をクリックして選択する.

表示されるメッセージ
切断始点座標又は，切断始角を指示してください.
半径 12.5 の円と下側の接線との接点 F 付近にカーソルを
持っていくと，交点ナビゲーションマーク（✖）が表示さ
れるのを確認して半径 12.5 の円をクリックする.

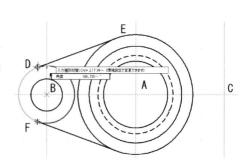

切断終点座標又は，切断終角を指示してください.
　同様に接点 D 付近にカーソルを持っていき，交点ナビゲーション
マークが表示されるのを確認して半径 12.5 の円をクリックする.

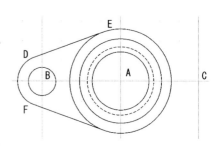

　半径 12.5 の円と上下の接線がスムースに接続された.

　次に右側の外形形状（半径 7，半径 12.5 の各円および接線）をミ
ラー複写で作成する.

　［編集］－［図形編集］－［ミラー編集］－［ミラー複写（軸）］をクリックする.
　表示されるメッセージに従い，半径 7，半径 12.5 の各円および上下の接線が含まれる領域を
指定する.

対称軸図形を指定してください.
　交点 A を通る垂直補助線をクリックする.

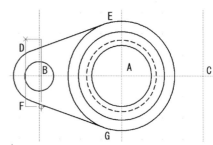

　右側の外形形状が作成された.

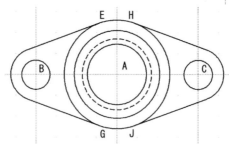

　半径 12.5 の円と同様に半径 26 の円を中抜き切断して接線とスムースにつなげる.
　「編集」－「詳細編集」－［トリミング］－［中抜き切断］をクリックする.
　左側の切断始角は接点 E 付近を，切断終角は接点 G 付近を指示する. 右側の切断始角は接点 J 付近
を，切断終角は接点 H 付近を指示する.

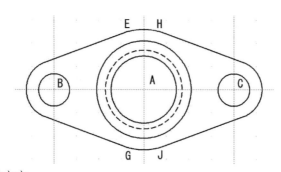

　平面図の外形線が作成された.

中心線を作成する．

　［多機能ビュー］の「作図レイヤ」タブで，ペンマークをレイヤ3の［中心線］に切り替えるとともに，［作図切替］ツールバーの「線種」を［一点長鎖線］に，［線幅］を［極細］にする．

「作図」－［線分］－［線分］をクリックする．

　まず，平面図の中心線を作成する．

　交点Aを通る垂直補助線上の半径26の外径線より少し外側の点Kおよび点L付近をクリックして平面図の中心線を作成する．

　次に正面図の中心線を作成する．

　交点Aを通る垂直補助線上の交点M付近および交点N付近をクリックして正面図の中心線を作成する．

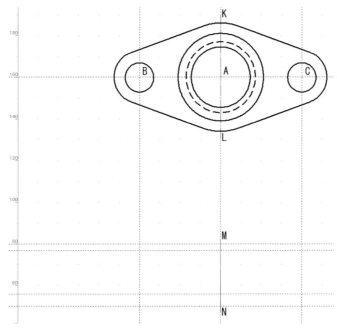

3.3.3　正面図の外形線を作成する

(1)　正面図の垂直補助線を作成する

　［補助］－［垂直補助線］をクリックする.

　X座標を指示してください.

　平面図の交点Aを通る水平補助線と，半径7の円，半径12.5の円弧，半径14.5の円，半径17の破線の円，半径21の円との交点をクリックし，垂直補助線を作成する.

　中心線の左側は外形図を，右側は断面図を作成するため，現時点ではそれぞれに必要な垂直補助線のみ作成する. 但し，正面図の円の直径寸法を記入する時点（3.3.6(3)(b)）では垂直補助線を追加する. なお，正面図の補助線の交点に付したアルファベットは，135ページの3.3.3(2)で正面図の外形線を作成する際に用いるものである.

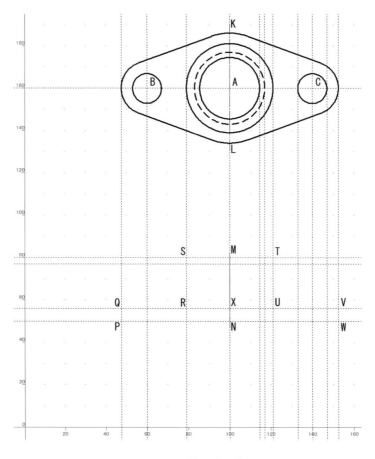

図 3-10　正面図用補助線作成状態

(2) 正面図の外形図，断面図を作成する

正面図の補助線の交点に付したアルファベットにより，外形線の作成を進めていく．

(a) 全体の外形線を作成する

［作図］－［線分］－「連続線」をクリックする．

表示されるメッセージ

始点を指示してください．

交点 X をクリックする．なお，この際，交点ナビゲーションマーク（✗）が表示されるのを確認してクリックするのは言うまでもない．

表示されるメッセージ

通過点又は，長さ・角度を指示してください．

交点 Q をクリックする．

同様にして，P，W，V，U，T，S，R をクリックする．R をクリックし終えた段階で右クリックメニューから［コマンド終了］を選ぶ．

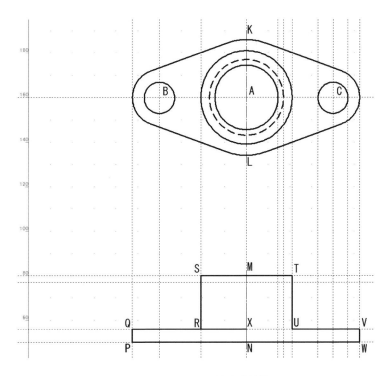

図 3-11　正面図外形線作成状態

(b) 正面図の断面図部分を作成する

　［作図］－［線分］－「連続線」をクリックする.

　(a)で作成した全体の外形線と同様に，交点 GG，Z，BB の順にクリックして断面線を作成する.

　続いて，半径 14.5 の円の断面線と半径 7 の円の断面線を作成する.

　「作図」－［線分］－［線分］をクリックする.

- ■　半径 14.5 の円の断面線：交点 AA と Y をクリックして，作成する
- ■　半径 7 の円の断面線（2 箇所）：交点 CC と DD をクリックする（左側）.
  　　　　　　　　　　　　　　　　交点 EE と FF をクリックして作成する（右側）.

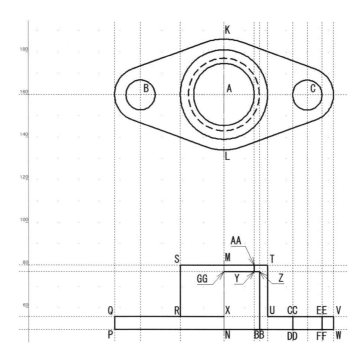

図 3-12　正面図断面線作成状態

3.3.4　正面図のコーナーR を作成する

(a) 交点 R のコーナーR を作成する

　「編集」－「詳細編集」－「コーナー編集」－「角丸め」をクリックする.

┌──────────────┐
│ 表示されるメッセージ │
└──────────────┘
丸め半径を指示してください.

2（CR）

┌──────────────┐
│ 表示されるメッセージ │
└──────────────┘
図形 1 を選択してください.

交点 R の左側の水平線をクリックする.

表示されるメッセージ
図形2を選択してください．
交点Rにつながる垂直な外形線をクリックする．

表示されるメッセージ
トリミング する（左ボタン）しない（右ボタン）

　メッセージと同時に，トリミングを確認するダイアログが表示され，図形1として選択した水平線が赤く選択状態になるが，この線はトリミングしないので，［いいえ］をクリックする．

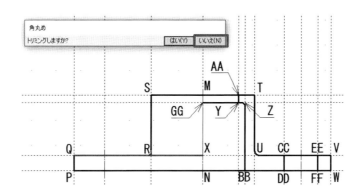

表示されるメッセージ
トリミング する（左ボタン）しない（右ボタン）

　次に，図形2として選択した垂直線が赤く選択状態になるが，この線はトリミングするので「はい」をクリックする．

　交点R部分のコーナーRが作成された．

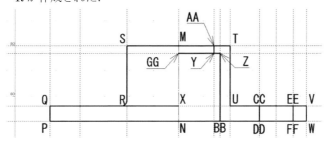

図 3-13　交点R部分の コーナーR が作成された状態

(b)　交点 Z のコーナーR を作成する
　(a)と同様に作成するが，丸め半径の指示メッセージが表示された際は1を入力する．また，トリミングは図形1，図形2とも行うので，確認ダイアログが表示された際は，いずれも［はい］をクリックする．

(c) 交点 U のコーナーR を作成する

丸め半径は 2 を入力する．トリミングは図形 1，図形 2 とも行う．

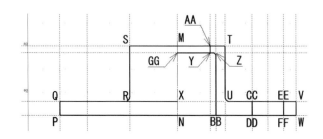

図 3-14　正面図のコーナーR 作成が終了した状態

3.3.5　追加の中心線を作成する

［多機能ビュー］の「作図レイヤ」タブで，ペンマークをレイヤ 3 の［中心線］に切り替えるとともに，［作図切替］ツールバーの「線種」を［一点長鎖線］に，［線幅］を［極細］にする．

(1) 正面図の半径 7 の円（2 箇所）の中心線を作成する

「作図」－［線分］－［線分］をクリックする．

交点 B，C を通る垂直補助線を活用して，板厚 6 の外形線を少し通り過ぎた位置まで中心線を延長した状態で作成する．

(2) 平面図の半径 7 の円（2 箇所）の垂直な中心線を作成する

「作図」－［線分］－［線分］をクリックする．

> 表示されるメッセージ
> 始点を指示してください．
> 交点 B をクリックする．

> 表示されるメッセージ
> 終点又は，長さ・角度を指示してください．
> 交点 B を通る垂直補助線上の点 HH 付近をクリックして中心線を作成する．なお，交点 B（半径 7 の円の中心）の上は寸法補助線で兼用できるので中心線を記入する必要はない．

交点 C に関しても同様に中心線を作成する．

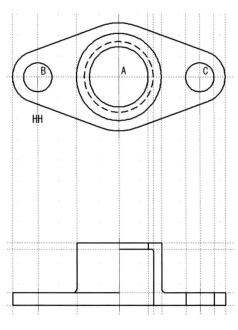

図 3-15　平面図の追加中心線（半径 7 の円）作成状態

(3) 平面図の水平中心線を作成する

「作図」－［線分］－［線分］をクリックする．

平面図の交点 A を通る水平補助線上の点 JJ 付近と点 KK 付近をクリックして水平中心線を作成する．

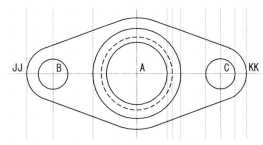

図 3-16　平面図の水平中心線作成状態

3.3.6　寸法を記入する

(1) 寸法記入のための準備（3.2.4(1)参照）

［多機能ビュー］の「作図レイヤ」タブで，ペンマークをレイヤ 2 の［寸法線］に切り替える．

［作図切替］ツールバーの「線種」を［実線］に，［線幅］を［極細］にする．

(2) 平面図の寸法を記入する

(a) 水平寸法を記入する

［作図］－「寸法線」－［水平寸法］をクリックする．

> 表示されるメッセージ

始点を指示してください．

交点 B をクリックする．

> 表示されるメッセージ

次点をクリックしてください．

交点 C をクリックする．

> 表示されるメッセージ

通過点又は，間隔を指示してください．

Y 座標 200 付近をクリックする．

> 表示されるメッセージ

必要な項目を設定してください．

水平寸法の確認ダイアログが表示されるので，内容を確認後，［了解］をクリックする．

> 表示されるメッセージ

配置点を指示してください．

交点 A を通る垂直中心線付近をクリックする．

同様に最大幅寸法 105 に関しても，始点，終点，通過点をそれぞれ指示して作成する．

　　始点：水平中心線と半径 12.5 の円弧の交点 JJ
　　終点：水平中心線と半径 12.5 の円弧の交点 KK
　　通過点：Y 座標 208 付近

(b) 円および円弧寸法を記入する．
　　［作図］－［寸法線］－［直径寸法］をクリックする．

表示されるメッセージ

円/円弧を選択してください．
半径 26 の上側の円弧をクリックする．

表示されるメッセージ

方向点，又は角度を指示してください．
点 NN 付近をクリックする．これで寸法線の傾きが
決まる．

表示されるメッセージ

通過点又は，間隔を指示してください．
平面図の中心点 A をクリックする．

表示されるメッセージ

必要な項目を設定してください．
直径寸法の確認ダイアログが表示されるので，内容を確認し，［了解］ボタンをクリックする．

表示されるメッセージ

配置点を指示してください．
交点 A 付近で水平・垂直中心線にかからない位置に φ52 の直径寸法を配置する．

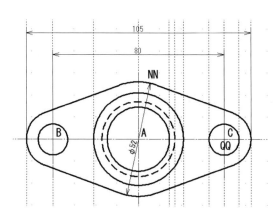

図 3-17　平面図の直径寸法作成状態

続いて，半径 12.5 の円弧寸法と半径 7（直径 14）の円寸法を記入する．
［作図］－［寸法線］－［角丸め寸法］をクリックする．

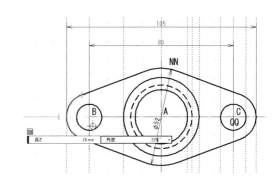

円/円弧を選択してください．
交点 B を中心とする半径 12.5 の円弧を
クリックして選択する．

長さ又は，長さ・角度を指示して
ください．
［角丸め寸法］では，カーソルでの
長さ・角度の指示ができないため，
キーボードから長さ 26，角度 205 を
入力する．

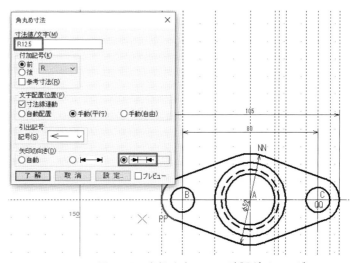

必要な項目を設定してください．
半径寸法を確認するダイアログが
表示されるので，寸法値が［R12.5］，
［矢印の向き］の設定で［内向き］に
なっていることを確認し，［了解］
ボタンを押す．

図 3-18　半径寸法 12.5 の確認ダイアログ

配置点を指示してください．
円弧の外側をクリックして指示する．

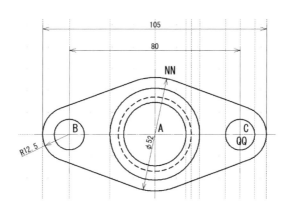

図 3-19　半径寸法 12.5 の作成状態

最後に半径 7（直径 14）の円の寸法を記入する．
　［作図］－［引出線］－［引出線］をクリックする．

表示されるメッセージ
始点を指示してください．
　半径 7 の円上の点 QQ 付近をクリックする．

表示されるメッセージ
通過点を指示してください．
　上記の QQ 付近の点と円の中心 C を結ぶ延長線上
付近の点 RR をクリックする（図 3-21）．

表示されるメッセージ
終点又は，角度を指示してください．
　点 SS 付近をクリックする．

表示されるメッセージ
必要な項目を設定してください．
　引出線確認ダイアログが表示されるので，文字列に
［2-14 キリ］と記入し，［了解］ボタンを押す．

表示されるメッセージ
配置点を指示してください．
　水平線上の適切な位置をクリックする．

図 3-20　引出線確認ダイアログ

直径 14 の円の寸法記入が完成した．

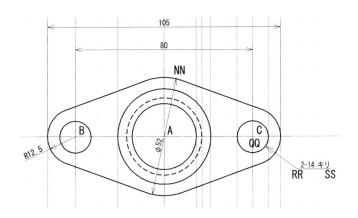

図 3-21　直径 14 の円の寸法記入状態

　なお，寸法指示［2−14 キリ］のハイフンの前の［2］は穴の個数を示し，ハイフンの後ろの［キリ］は穴の加工方法（きりもみ：ドリル加工）の簡略表示である．表 3.1 に穴の加工方法の簡略表示をいくつか示す．

表 3.1　穴の加工方法の簡略表示

加工方法	簡略表示
プレス抜き	打ヌキ
きりもみ	キリ
リーマ仕上げ	リーマ

　これらの簡略表示の指示がある場合は，呼びの数値の前に通常は付記される寸法補助記号［φ］は付記しない．これは，加工すると自ずと円筒状に仕上がるためである．

(3) 正面図の寸法を記入する

(a) 高さ寸法の作成

[作図] － [寸法線] － [垂直寸法] をクリックする.
全高 30 の視点である交点 TT をクリックする.

表示されるメッセージ
始点を指示してください.
交点 TT をクリックする.

表示されるメッセージ
終点を指示してください.
交点 XX をクリックする.

表示されるメッセージ
通過点又は，間隔を指示してください.
点 YY 付近をクリックする.

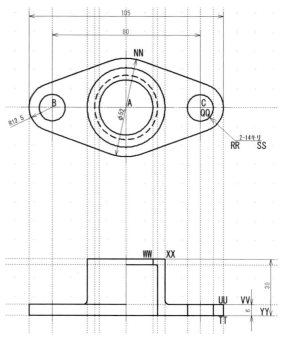

表示されるメッセージ
必要な項目を設定してください.
寸法値が [30] になっていることを確認して，
[了解] ボタンをクリックする.

表示されるメッセージ
配置点を指示してください.
寸法線の中央付近をクリックする.

図 3-22　正面図垂直寸法記入状態－1

次に押さえプレート板厚寸法を作成する.
引き続き，以下のメッセージが表示されているはずである.

表示されるメッセージ
始点を指示してください.
交点 TT をクリックする.

表示されるメッセージ
終点を指示してください.
交点 UU をクリックする.

表示されるメッセージ
通過点又は，間隔を指示してください.
点 VV 付近をクリックする.

表示されるメッセージ

必要な項目を設定してください．

［垂直寸法］確認ダイアログが表示されるので，寸法値が 6 になっていることを確認する．

矢印の向きを［内向き］に変更する．

また，始点側の寸法補助線のチェックを外す．これは，全高 30 の寸法記入で作成された寸法補助線がすでに記入されているためである．

［了解］ボタンを押す．

表示されるメッセージ

配置点を指示してください．

寸法線の中央付近をクリックする．

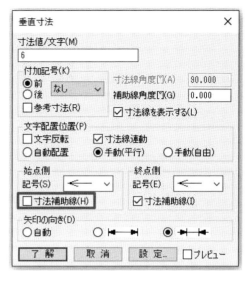

図 3-23 垂直寸法［板厚 6］確認ダイアログ

直径 29 の穴の開口部の板厚寸法を記入する．

［作図］－［寸法線］－［垂直寸法］をクリックする．

交点 XX をクリックする．

表示されるメッセージ

終点を指示してください．

直径 29 の穴の開口部の板厚下側の線上の点をクリックする．

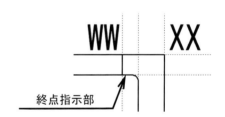

表示されるメッセージ

必要な項目を設定してください．

［垂直寸法］確認ダイアログが表示されるので，寸法値が 3 になっていることを確認する．

始点側の寸法補助線のチェックを外す．

表示されるメッセージ

配置点を指示してください．

高さ 30 の寸法補助線の上側で，矢印記号に触れない適切な位置をクリックする．

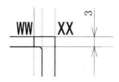

図 3-24 垂直寸法［板厚 3］確認ダイアログ

(b) 円の直径寸法の作成

垂直補助線を追加する.

[補助] － [垂直補助線] をクリックする.

X座標を指示してください.

平面図の直径 29 の円と水平中心線との左側交点をクリックする.

同様にして直径 34 の円と水平中心線との左側交点を通る垂直補助線を作成する.

[作図] － [寸法線] － [水平寸法] をクリックする.

始点を指示してください.

直径 29 の円の左側の垂直補助線と，高さ 30 の外形線との交点をクリックする.

終点を指示してください.

交点 WW をクリックする.

通過点又は，間隔を指示してください.

高さ 30 の外形線から適切な間隔（10mm 前後）の点を
クリックする.

必要な項目を設定してください.

寸法値 29 の前に付加記号 φ を付ける.

始点側の寸法補助線のチェックを外す.

始点側の記号を矢印から直線に変更する

[了解] ボタンを押す.

配置点を指示してください.

中心線付近をクリックする.

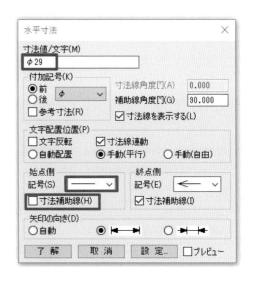

図 3-25 　直径 29 の円の寸法確認ダイアログ

続いて，直径 34 の円筒部分の直径寸法を作成する．

表示されるメッセージ
始点を指示してください．
直径 34 の左側に接する垂直補助線上の点 α 付近をクリックする．
表示されるメッセージ
終点を指示してください．
直径 34 の円筒の右側の垂直線上の点 β 付近をクリックする．

表示されるメッセージ
通過点又は，間隔を指示してください．
高さ 15 付近をクリックする．

表示されるメッセージ
必要な項目を設定してください．
寸法値 34 の前に付加記号 φ を付ける．
始点側と終点側の寸法補助線のチェックを外す．
始点側の記号を矢印から直線に変更する
［了解］ボタンを押す．

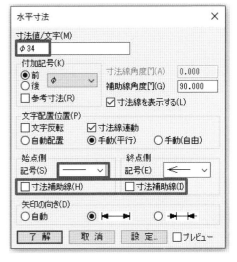

図 3-26　直径 34 の円の寸法確認ダイアログ

表示されるメッセージ
配置点を指示してください．
高さ 15 付近で，中心線を避けて直近の右側付近をクリックする．

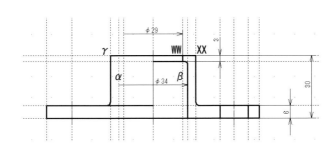

図 3-27　正面図の円直径寸法記入状態－1

最後に，直径 42 の円筒部分の直径寸法を作成する.

始点を指示してください.
交点 γ をクリックする.

終点を指示してください.
交点 XX をクリックする.

通過点又は，間隔を指示してください.
直径 29 の円の寸法線から適切な距離（10mm
前後）を取って指示する.

必要な項目を設定してください.
寸法値の前に付加記号 φ が付いていることを確
認し，[了解] ボタンをクリックする.

配置点を指示してください.
中心線付近をクリックする.

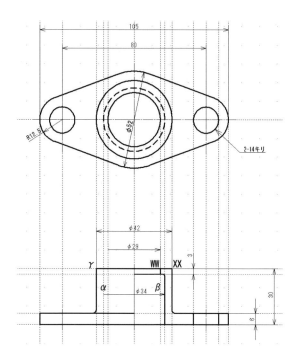

図 3-28　正面図の円直径寸法記入状態－2

不要な補助線を消去する.
　「補助」－[補助線全消去] をクリックする.

　消去予定の補助線の色が赤に変わり，補助線全消去を確認するダイアログが表示されるので，[はい]
をクリックする.

正面図の円直径の記入が終了した.

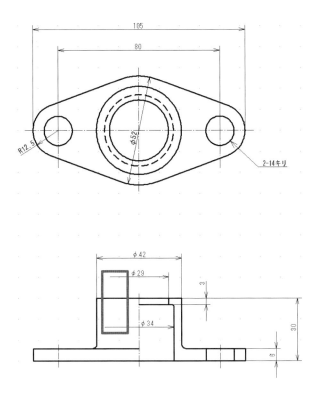

図 3-29　正面図の円直径の記入が完了した状態

この時，φ29 およびφ34 の直径寸法の始点側（左側）は，ここまで長くする必要はなく，図 3-30 のように中心線を越えたところから引けばよいが，寸法の手修正など，かえって記入に手間がかかるため，このままとする.

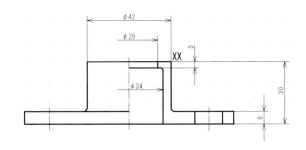

図 3-30　直径寸法の省略

(c) 正面図のコーナーR 寸法の作成

直径 34 の円筒隅のコーナーR と直径 42 の円筒隅部のコーナーR 寸法を作成する.

最初に直径 34 の円筒隅のコーナーR を作成する.
　［作図］－［寸法線］－［半径寸法］をクリックする.

表示されるメッセージ
円/円弧を選択してください.
直径 34 の円筒隅のコーナーR（R1）をクリックする.

表示されるメッセージ
　方向点，又は角度を指示してください.
　R1 の円弧の中心とは反対側にカーソルを持って行き，クリックする．クリックした位置と円弧の中心を結ぶ線が寸法線の方向になる.

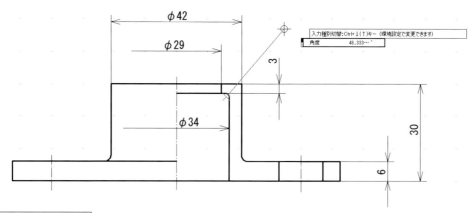

表示されるメッセージ
終点を指示してください.
円弧の中心側にカーソルを移動し，寸法線の長さを決定する.

表示されるメッセージ
必要な項目を設定してください.
寸法値の前に［R］が負荷されていることを確認し，［了解］ボタンをクリックする.

表示されるメッセージ
配置点を指示してください.
半径寸法 R1 の位置を決める.

同様にして直径 42 の円筒隅部のコーナーR 寸法を作成する.

150

押さえプレートの寸法記入が完了し，図面が完成した．

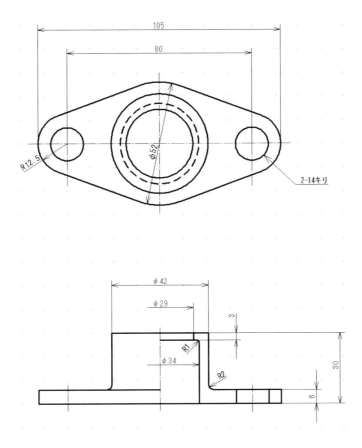

図 3-31　押さえプレート作図完了状態

3.4　軸の作図

3.4.1　入力画面準備

　用紙サイズA3で作図を進めるため，開始する前に［図面情報］ダイアログで用紙サイズと縮尺を設定する．

　［ファイル］−［図面情報］をクリックする．

　表示された［図面情報］ダイアログボックスで［縮尺］1/1が入力されていることを確認する．

　［用紙］欄で［A3］を選択する．

　［用紙の向き］欄で［横］を選択する．

　［了解］ボタンを押す．

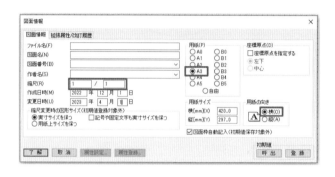

3.4.2　外形図を作図するための補助線を作成する

　軸の中心線を引くための水平補助線を作成する．

　［補助］−［水平補助線］をクリックする．

|表示されるメッセージ|

　Y座標を指示してください．

　170 (CR)

　基本となる垂直補助線を作成する．

　［補助］−［垂直補助線］をクリックする．

|表示されるメッセージ|

　X座標を指示してください．

　75 (CR)

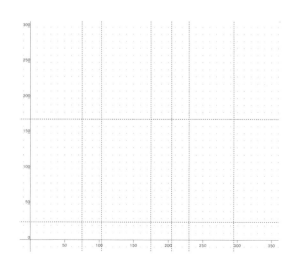

　同様にして，X座標が103.5，175，205，230，295の垂直補助線を作成する．

　続いて補助的な垂直補助線を作成する
　［補助］－［補助平行］をクリックする．

　┌─────────────────┐
　│表示されるメッセージ│
　└─────────────────┘
図形を選択してください．
X 座標 103.5 の垂直補助線をクリックする．

　┌─────────────────┐
　│表示されるメッセージ│
　└─────────────────┘
　基準点又は，間隔を指示してください．
　選択状態にある赤色の垂直補助線の右側に
カーソルを移動し，キーボードより 3 を入力
する．

　同様にして，X 座標 103.5 の垂直補助線の左側に
カーソルを移動し，キーボードより 6.5 を入力する．

　┌─────────────────┐
　│表示されるメッセージ│
　└─────────────────┘
図形を選択してください．
X 座標 205 の垂直補助線をクリックする．

　┌─────────────────┐
　│表示されるメッセージ│
　└─────────────────┘
　基準点又は，間隔を指示してください．
　選択状態にある赤色の垂直補助線の右側に
カーソルを移動し，キーボードより 2 を入力
する．

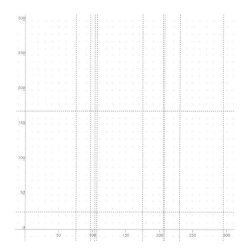

図 3-32　外形図作図用の補助線が作成された状態

3.4.3　外形線を作成する

(1) 中心線上側の水平外形線を作成する

　中心線を作成する．
　［多機能ビュー］の「作図レイヤ」タブで，ペンマークをレイヤ 3 の［中心線］に切り替えるとともに，［作図切替］ツールバーの「線種」を［一点長鎖線］に，［線幅］を［極細］にする．
　［作図］－［線分］－［線分］をクリックする．

　［始点］は，X 座標 75 の垂直補助線の少し左側を指示し，［終点］は X 座標 230 の垂直補助線の少し右側を指示して中心線を作成する．

中心線の上側の外形線を作成する．

　［多機能ビュー］の「作図レイヤ」タブで，ペンマークをレイヤ 1 の［外形線］に切り替えるとともに，［作図切替］ツールバーの「線種」を［実線］に，［線幅］を［中線］にする．

　［作図］－［線分］－［平行線］をクリックする．

表示されるメッセージ

基準となる線分を指示してください．

中心線をクリックする．

表示されるメッセージ

この図形を選択する（左ボタン）しない（右ボタン）

同時に［平行線］確認ダイアログも表示されるので，［はい］ボタンをクリックする．

表示されるメッセージ

通過点又は，間隔を指示してください．

カーソルを中心線の上側に持って行き，キーボードから 10 を入力する．

表示されるメッセージ

始点を指示してください．

X 座標 207 の垂直補助線と，中心線の 10mm 上側の外形線との交点 E1 をクリックする．

表示されるメッセージ

終点又は，長さを指示してください．

X 座標 230 の垂直補助線と，中心線の 10mm 上側の外形線との交点 E2 をクリックする．

水平外形線 E1－E2 が作成された．

以降同様にして以下の水平外形線を作成する．

- ■　D1－D2（中心線から 12mm 上側）
- ■　C1－C2（中心線から 14mm 上側）
- ■　B1－B2（中心線から 18.5mm 上側）
- ■　A1－A2（中心線から 11mm 上側）

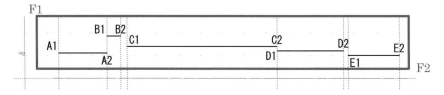

(2) 中心線下側の水平外形線を作成する

ミラー複写で中心線の下側の水平外形線を作成する.

［編集］－［図形編集］－［ミラー編集］－［ミラー複写（軸)］をクリックする.

表示されるメッセージ

領域の１点目を指示してください.

上側の水平外形線すべてが含まれるよう F1 点付近をクリックする.

表示されるメッセージ

領域の対角点を指示してください.

F2 点付近をクリックする.

表示されるメッセージ

選択完了(左ボタン) 追加(右ボタン)

同時に[ミラー複写(軸)]の確認ダイアログが表示されるので，［完了］ボタンをクリックする.

表示されるメッセージ

対称軸図形を指定してください.

中心線をクリックする.

表示されるメッセージ

この図形を選択する(左ボタン)しない(右ボタン)

同時に[ミラー複写(軸)]の確認ダイアログが表示されるので，［はい］ボタンをクリックする.

中心線を挟んで上下の水平外形線が作成された.

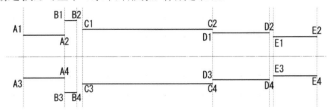

(3) 垂直外形線を作成する

［作図］−［線分］−［線分］をクリックする.

表示されるメッセージ

始点を指示してください.
垂直補助線と水平外形線との交点 A1 をクリックする.

表示されるメッセージ

終点又は，長さ・角度を指示してください.
垂直補助線と水平外形線との交点 A3 をクリックする.
垂直外形線 A1−A3 が作成された.

同様に残りの垂直外形線 B1−B3，B2−B4，C1−C3，C2−C4，D2−D4，E1−E3，E2−E4 も
作成する.

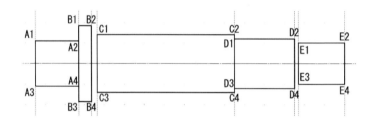

(4) くびれ部分の短い水平外形線を作成する

垂直外形線 B2−B4 と C1−C3 間の 2 本の短い水平外形線を作成する.
［作図］−［線分］−［平行線］をクリックする.

表示されるメッセージ

基準となる線分を指示してください.
中心線をクリックする.

表示されるメッセージ

この図形を選択する（左ボタン）しない（右ボタン）
同時に［平行線］確認ダイアログも表示されるので，［はい］ボタンをクリックする.

表示されるメッセージ

通過点又は，間隔を指示してください.
カーソルを中心線の上側に持って行き，キーボードから 12 を入力する.

表示されるメッセージ

始点を指示してください.
X 座標 103.5 の垂直補助線と，中心線の 12mm 上側の外形線との交点 G1 をクリックする.

表示されるメッセージ

終点又は，長さを指示してください．

X 座標 106.5 の垂直補助線と，中心線の 12mm 上側の外形線との交点 H1 をクリックする．

水平外形線 G1－H1 が作成された．

同様に水平外形線 G2－H2，J1－K1，J2－K2 も作成する．

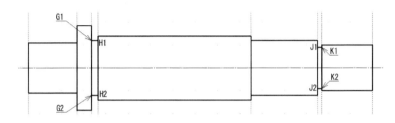

図 3-33　水平・垂直外形線作成状態

(5) コーナーR，面取り部分を作成する

(a) コーナーR を作成する

［編集］－［詳細編集］－［コーナー編集］－［角丸め］をクリックする．

表示されるメッセージ

丸め半径を指示してください．

1（CR）

表示されるメッセージ

図形 1 を選択してください．

交点 G1，G2 を通過する外形線の G1 より上側をクリックする．

このとき，クリックする箇所によってコーナーR の向きが変わるため，必ず上側をクリックする．

表示されるメッセージ

図形 2 を選択してください．

水平外形線 G1－H1 をクリックする．

表示されるメッセージ

トリミングする(左ボタン)しない(右ボタン)

交点 G1，G2 を通過する外形線が赤色に反転するとともに，作成予定のコーナーR が極細線で表示され，［トリミングしますか？］との［角丸め］確認ダイアログが表示されるので［いいえ］をクリックする．

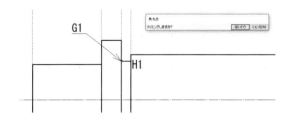

続いて同様に外形線 G1−H1 が赤く反転するとともに［角丸め］の確認ダイアログが表示されるので［はい］をクリックする．

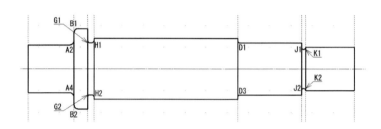

外形線 G1−H1 の左側のコーナーR が作成された．

同様にして，交点 H1，G2，H2，J1，K1，J2，K2，A2，A4，B1，B2，D1，D3 の箇所についてもコーナーR を作成する．
　ただし，交点 A2，A4，B1，B2 の箇所については，［角丸め］半径 2 で作成する．

図 3-34　コーナーR の作成が完了した状態

(b)　面取り部分を作成する

　なお，作業箇所を明確にするため，関連する箇所の交点名を再掲する．
　［編集］−［詳細編集］−［コーナー編集］−［面取り］をクリックする．

表示されるメッセージ
面取り幅を指示してください．
1（CR）

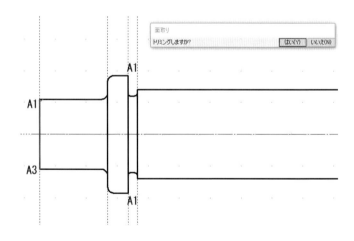

表示されるメッセージ
線分 1 を選択してください．
垂直外形線 A1−A3 をクリックする．

表示されるメッセージ
線分 2 を選択してください．
交点 A1 を通る水平外形線をクリックする．

表示されるメッセージ
トリミングする(左ボタン)しない(右ボタン)
　垂直外形線 A1−A3 が赤色に反転するとともに，作成予定の面取り線が極細線で表示され，［トリミングしますか？］との［面取り］確認ダイアログが表示されるので［はい］をクリックする．

　続いて同様に交点 A1 を通る水平外形線が赤く反転するとともに［角丸め］の確認ダイアログが表示されるので［はい］をクリックする．
　垂直外形線 A1−A3 の上側の面取りが行われた．

同様にして，交点 A3，E2，E4 の箇所についても［面取り］を行う．

続いて［面取り］幅 0.5 で，交点 B2，B4，C2，C4，D2，D4 の箇所についても［面取り］を行う．

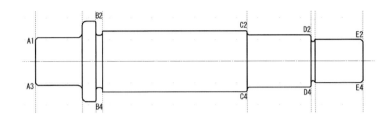

図 3-35　面取りがなされた状態

［面取り］が行われたことによる軸の稜線を作成する．

交点 A1，A3 の［面取り］による稜線を作成する．
［作図］－［線分］－［平行線］をクリックする．

表示されるメッセージ
基準となる線分を指示してください．
垂直外形線 A1－A3 をクリックする．

表示されるメッセージ
この図形を選択する（左ボタン）しない（右ボタン）
同時に［平行線］確認ダイアログも表示されるので，［はい］ボタンをクリックする．

表示されるメッセージ
通過点又は，間隔を指示してください．
カーソルを外形線 A1－A3 の右側に持って行き，キーボードから 1 を入力する．

表示されるメッセージ
始点を指示してください．
［面取り］前の交点 A1 を通る水平外形線をクリックする．

表示されるメッセージ
終点又は，長さを指示してください．
［面取り］前の交点 A3 を通る水平外形線をクリックする．

交点 A1，A3 を［面取り］したことによる稜線（垂直外形線）が作成された．

続いて，B2，B4，C2，C4，D2，D4，E2，E4 の［面取り］による稜線も同様にして作成する．

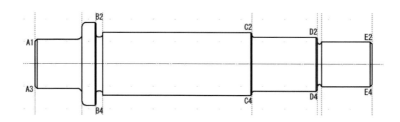

図 3-36　面取り後の稜線が作成された状態

(6) キー溝およびキー溝部の断面図を作成する

キー溝断面図を作成する

［作図］－［円/円弧］－［円(中心)］をクリックする.

表示されるメッセージ

中心点を指示してください.

X 座標 295 の垂直補助線と中心線の交点をクリックする.

表示されるメッセージ

円周上の点，又は半径を指示してください.

10（CR）

キー溝作図用の補助線を作成する.

［補助］－［補助平行］をクリックする.

表示されるメッセージ

図形を選択してください.

中心線と同軸の水平補助線（Y 座標 170）をクリックする.

表示されるメッセージ

基準点又は，間隔を指示してください.

カーソルを，選択した水平補助線の上側に持って行き，キーボードから 7 を入力する．7

7（CR）

キー溝の縦の断面線を作成する.

［作図］－［線分］－［平行線］をクリックする.

表示されるメッセージ

基準となる線分を指示してください.

円の中心を通る垂直補助線をクリックする.

表示されるメッセージ

通過点又は，間隔を指示してください.

カーソルを選択した垂直補助線の右側に持って行き，キーボードから 2.5 を入力する.

2.5（CR）

160

始点を指示してください.
円との交点をクリックする.

終点又は，長さを指示してください.
円中心の上側 7mm の水平補助線との交点をクリックする.

次にカーソルを選択した垂直補助線の左側に持って行き，同様にしてキー溝の左側の縦の断面線を作成する.

キー溝の底の断面線を作成する.
［作図］－［線分］－［線分］をクリックする.

始点を指示してください.
キー溝の縦の断面線と円中心の上側 7mm の水平補助線との交点（左右どちら側でもよい）をクリックする.

終点又は，長さ・角度を指示してください.
反対側の交点をクリックする.

右クリックメニューから［コマンド終了］を

キー溝の底の断面線が作成された.

キー溝上部の軸の外形線を極細線に変更する.
「編集」－「詳細編集」－［トリミング］－［図形切断］をクリックする.

図形を指示してください.
円をクリックする.

切断点又は切断角を指示してください.
キー溝と円との交点 L1 をクリックする.

同様にして，キー溝と円との反対側の交点 L2 をクリックする.

L1，L2 間の円弧を極細線に変更する
「編集」−「詳細編集」−［属性変更］をクリックする．

表示されるメッセージ
領域の 1 点目を指示してください．
L1，L2 間の円弧の一部を矩形の領域で囲むように 1 点目と 2 点目を指示する．

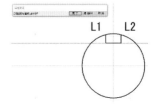

表示されるメッセージ
選択完了(左ボタン) 追加(右ボタン)
同時に属性変更ダイアログ［この図形を選択しますか？］が表示されるので［完了］ボタンをクリックする．

表示されるメッセージ
必要な項目を設定してください．
同時に［属性変更］ダイアログが表示されるので，［線幅］を［極細］に変更し，［了解］ボタンをクリックする．

　L1，L2 間の円弧は想像線に相当するが，長さが短いため，2 点鎖線では非常に見にくくなってしまう．そのため，極細の実線で描いて問題ない．

　断面図の水平中心線を作成する．
　［多機能ビュー］の「作図レイヤ」タブで，ペンマークをレイヤ 3 の［中心線］に切り替えるとともに，［作図切替］ツールバーの「線種」を［一点長鎖線］に，［線幅］を［極細］にする．
　［作図］−［線分］−［線分］をクリックする．

表示されるメッセージ
始点を指示してください．
円の直径の数 mm 程度外側で，中心を通る水平補助線上の点をクリックする．

表示されるメッセージ
終点又は，長さ・角度を指示してください．
反対側の点も同様にクリックする．

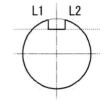

続いて，縦の中心線も同様にして作成する．
断面図の中心線が作成された．

(7) キー溝の平面図を作成する

垂直補助線を追加する．

［補助］－［補助平行］をクリックする．

表示されるメッセージ

図形を選択してください．

X座標230の垂直補助線を選択する（クリックする）．

表示されるメッセージ

基準点又は，間隔を指示してください．

カーソルを，選択した垂直補助線より左側に持って行き，［14.5］と入力する．

水平補助線を追加する．

「補助」－［水平補助線］をクリックする．

表示されるメッセージ

Y座標を指示してください．

210（CR）

キー溝平面図のR部を作成する．

［作図］－［円/円弧］－［円弧（中心）］をクリックする．

表示されるメッセージ

中心点を指示してください．

上記で作成した2本の水平・垂直補助線の交点（X座標：215.5，Y座標：210）をクリックする．

表示されるメッセージ

円周上の点，又は半径を指示してください．

キーボードから2.5を入力する．

2.5（CR）

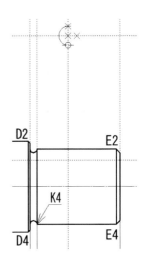

表示されるメッセージ

円周上の始点座標，又は角度を指示してください．

極細線で描かれた円と，垂直補助線との上側の交点をクリックする．

表示されるメッセージ

円周上の終点座標，又は角度を指示してください．

極細線で描かれた円と，垂直補助線との下側の交点をクリックする．

続いてキー溝平面図の水平外形線を作成する.

［作図］－「線分」－「線分」をクリックする.

始点を指示してください.

上記で作成したキー溝平面図の半円の上端をクリックする.

終点又は，長さ・角度を指示してください.

始点をクリックした状態で，そのままカーソルを右側に移動すると，水平なダイナミック補助線が表示される．そのダイナミック補助線とX座標230の垂直補助線との交点をクリックする.

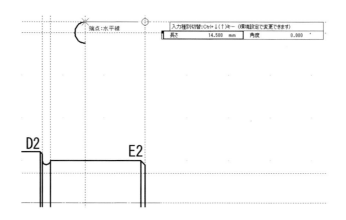

同様にして，キー溝平面図の下側の水平外形線も作成する.

右クリックメニューから［コマンド終了］をクリックする.

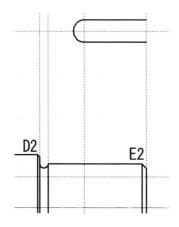

キー溝平面図の垂直外形線を作成する．
まず，垂直補助線を追加する．
［補助］－［補助平行］をクリックする．

表示されるメッセージ
図形を選択してください．
Y座標210の水平補助線（キー溝の中心線に相当）をクリックする．

表示されるメッセージ
基準点又は，間隔を指示してください．
カーソルをY座標210の水平補助線の上側に持って行き，キーボードより7を入力する．
7（CR）

同様にして，Y座標210の水平補助線の下側7mmの位置にも水平補助線を追加する．
右クリックメニューから［コマンド終了］をクリックする．

軸の右端部の垂直外形線を作成する．
［作図］－「線分」－「線分」をクリックする．
表示されるメッセージ
始点を指示してください．
上記で追加した水平・垂直補助線の交点L1をクリックする．

表示されるメッセージ
終点又は，長さ・角度を指示してください．
同様に，水平・垂直補助線の交点L2をクリックする．

次に，面取り（C1）による稜線を作成する．
［作図］－［線分］－［平行線］をクリックする．

表示されるメッセージ
基準となる線分を指示してください．
垂直外形線L1－L2をクリックする．

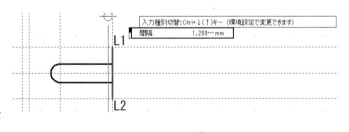

表示されるメッセージ
この図形を選択する（左ボタン）しない（右ボタン）
同時に［平行線］確認ダイアログも表示されるので，［はい］ボタンをクリックする．

表示されるメッセージ
通過点又は，間隔を指示してください．
カーソルを選択した垂直外形線L1－L2の左側に持って行き，キーボードから1を入力する．

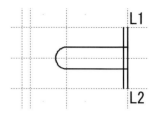

表示されるメッセージ
始点を指示してください.
稜線と，L1 を通過する水平補助線との交点をクリックする.

表示されるメッセージ
終点又は，長さを指示してください.
稜線と，L2 を通過する水平補助線との交点をクリックする.

稜線を中抜き切断する.
「編集」－「詳細編集」－［トリミング］－［中抜き切断］をクリックする.

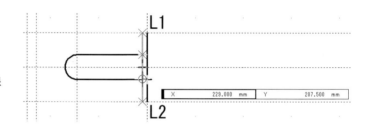

表示されるメッセージ
図形を選択してください.
作成した稜線をクリックする.

表示されるメッセージ
切断始点を指示してください.
　稜線と，キー溝平面図の上側水平線
との交点をクリックする.

表示されるメッセージ
切断終点を指示してください.
稜線と，キー溝平面図の下側水平線との交点をクリックする.

稜線の［中抜き切断］が完了した.

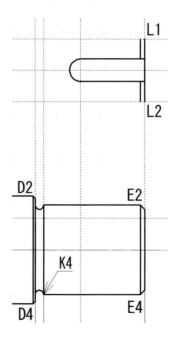

(8) 軸右端部のキー溝の隠れ線を作成する

　作成に先立って，［作図切替］ツールバーの「線種」を［破線］にする．

　このとき，多機能ビューのペンマークは，［レイヤ_1］の［外形線］のままでよい．これは，かくれ線の作成箇所が少ないためである．

　垂直補助線を 1 本追加する．

　［補助］－［垂直補助線］をクリックする．

| 表示されるメッセージ |

X 座標を指示してください．

　キー溝平面図の円弧と，中心線相当の水平補助線（Y 座標 210）との交点 M1 をクリックする．

　［作図］－［線分］－［連続線］をクリックする．

| 表示されるメッセージ |

始点を指示してください．

　交点 M1 を通る垂直補助線と軸の上側外形線との交点をクリックする．

| 表示されるメッセージ |

通過点又は，長さ・角度を指示してください．

　交点 M1 を通る垂直補助線とキー溝の底を通る水平補助線（Y 座標 177）との交点 M2 をクリックする．

| 表示されるメッセージ |

通過点又は，長さ・角度を指示してください．

　交点 M2 を通る水平補助線と軸右端の垂直外形線（X 座標 230）との交点をクリックする．

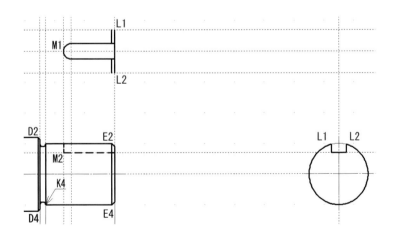

　右クリックメニューから［コマンド終了］をクリックする．

　キー溝の隠れ線が作成された．

3.4.4 寸法を記入する

［多機能ビュー］の「作図レイヤ」タブで，ペンマークをレイヤ2の［寸法線］に切り替える．
［作図切替］ツールバーの「線種」を［実線］に，［線幅］を［極細］にする．

(1) 水平寸法を記入する

［作図］－［寸法線］－［連続寸法］－［連続水平寸法］をクリックする．

表示されるメッセージ
始点を指示してください．
交点 A3 の面取り部の左上点（X 座標 75）をクリックする．

表示されるメッセージ
次点を指示してください．
交点 B4 の面取り部の右上点（X 座標 103.5）をクリックする．

同様にして，交点 C4 の面取り部の右上点（X 座標 175），交点 D4 の面取り部の右上点（X 座標205），交点 E4 の面取り部の右上点を順にクリックする．

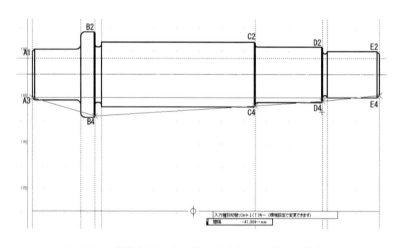

図 3-37　連続水平寸法の指示点を指示し終えた状態

交点 E4 まで指示し終えたら，［Enter］キーを押す．

表示されるメッセージ
通過点又は，間隔を指示してください．
Y 座標 100 付近の点（X 座標は任意）をクリックする．

表示されるメッセージ
必要な項目を設定してください．
同時に，［連続水平寸法］の確認ダイアログが表示されるので，矢印の向き，寸法補助線のチェックを確認し，［了解］ボタンをクリックする．
右クリックメニューから［コマンド終了］をクリックする．

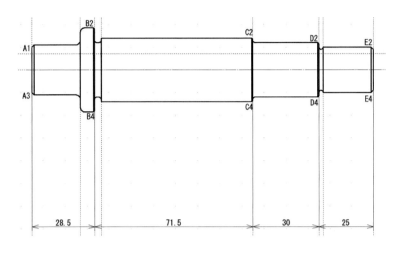

図 3-38　連続水平寸法を記入した状態

残りの水平寸法を記入する.

　［作図］－［寸法線］－［連続寸法］－［連続水平寸法］をクリックする.

表示されるメッセージ

始点を指示してください.

交点 B3 のコーナーR の上側端点をクリックする.

表示されるメッセージ

次点を指示してください.

交点 B4 の面取り部の右上点（X 座標 103.5）をクリックする.

表示されるメッセージ

次点を指示してください.

交点 H2 もしくは C3 をクリックする.

C3 まで指示し終えたら，［Enter］キーを押す.

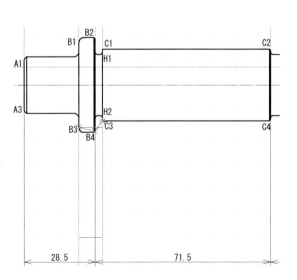

表示されるメッセージ

通過点又は，間隔を指示してください.

　Y 座標 110 付近の点（X 座標は任意）をクリック
する.

必要な項目を設定してください.

同時に,[連続水平寸法]の確認ダイアログが表示されるので,中間部の[寸法補助線]のチェックを外し,矢印を黒丸●に変更し,[矢印の向き]を内向き矢印に変更して[了解]ボタンをクリックする.

右クリックメニューから[コマンド終了]をクリックする.

図 3-39　連続水平寸法確認ダイアログ

B2−B4−H2 間の連続水平寸法が作成された.

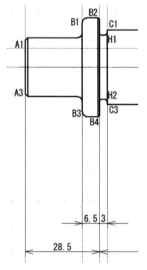

さらに残りの水平寸法を作成する．

［作図］－「寸法線」－［水平寸法］をクリックする．
表示されるメッセージ
始点を指示してください．
交点 D4 の面取り部の右上点（X 座標 205）をクリックする．

表示されるメッセージ
終点をクリックしてください．
交点 K4 をクリックする．

表示されるメッセージ
通過点又は，間隔を指示してください．
Y 座標 110 付近の点（X 座標は任意）をクリックする．

表示されるメッセージ
必要な項目を設定してください．
　水平寸法の確認ダイアログが表示されるので，［矢印の向き］が内向き矢印になっていることを確認後，［了解］をクリックする．

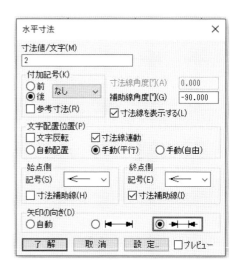

表示されるメッセージ
　配置点を指示してください．
　寸法線の右側矢印付近（左側でもよい）をクリックする．
　右クリックメニューから［コマンド終了］をクリックする．

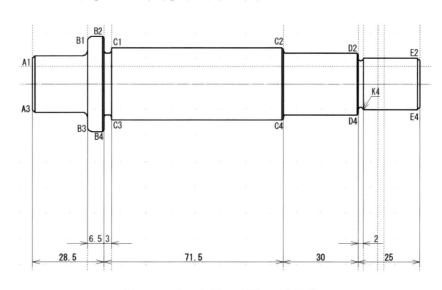

図 3-40　水平寸法記入が終了した状態

(2) キー溝の平面図寸法を記入する

　まず，中心線を記入する.

　［多機能ビュー］の「作図レイヤ」タブで，ペンマークをレイヤ3の［中心線］に切り替えるとともに，［作図切替］ツールバーの「線種」を［一点長鎖線］に，［線幅］を［極細］にする.

　［作図］－［線分］－［線分］をクリックする.

　表示されるメッセージ
　始点を指示してください.
　キー溝の中心を通る水平補助線上で，交点 M1 の左側数 mm 付近をクリックする.

　表示されるメッセージ
　終点又は，長さ・角度を指示してください.
　キー溝の中心を通る水平補助線上で，垂直外形線 L1－L2 から右側数 mm 付近をクリックする.

　寸法を記入する前に，［多機能ビュー］の「作図レイヤ」タブで，ペンマークをレイヤ2の［寸法線］に切り替えるとともに，［作図切替］ツールバーの「線種」を［実線］に，［線幅］を［極細］にする.

　［作図」－「寸法線」－［水平寸法］をクリックする.
　表示されるメッセージ
　始点を指示してください.
　中心線と円弧の交点 M1 をクリックする.

　表示されるメッセージ
　終点をクリックしてください.
　垂直外形線 L1－L2 の下側端点 L2 をクリックする.

　表示されるメッセージ
　通過点又は，間隔を指示してください.
　Y 座標 195 付近（X 座標は任意）をクリックする.

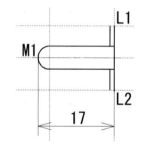

　表示されるメッセージ
　必要な項目を設定してください.
　水平寸法の確認ダイアログが表示されるので，［矢印の向き］が外向き矢印になっていることを確認後，［了解］をクリックする.

　表示されるメッセージ
　配置点を指示してください.
　寸法線の上側中央付近をクリックする.
　右クリックメニューから［コマンド終了］をクリックする.

次に，キー溝平面図の円弧の R 寸法を記入する

　［作図］－［寸法線］－［角丸め寸法］をクリックする．

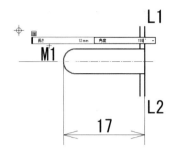

　表示されるメッセージ

円/円弧を選択してください．

平面図の半円をクリックする．

　表示されるメッセージ

　長さ又は，長さ・角度を指示してください．

　［角丸め寸法］では，カーソルでの長さ・角度の指示が

できないため，キーボードから長さ 12，角度 155 を入力する．

　表示されるメッセージ

　必要な項目を設定してください．

　半径寸法の確認ダイアログが表示されるので，

［寸法値/文字］欄に［(R)］を入力し，［矢印の向き］が

外向き矢印になっていることを確認し，［了解］ボタンを

クリックする．

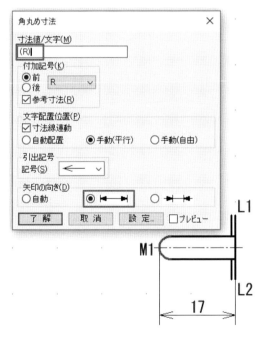

配置点を指示してください.

作成される寸法線の上側で, [(R)] が矢印の少し外側に位置するような点でクリックする.

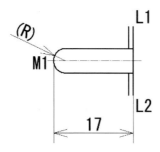

図 3-41　キー溝平面図の円弧寸法記入状態

(3) 軸の直径寸法を記入する

記入に際して, 図 3-40 を再掲する.

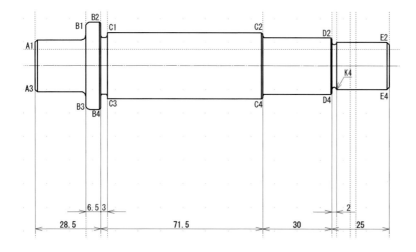

(a) 軸の左端部の直径寸法（φ22）を記入する

［作図］－［寸法線］－［垂直寸法］をクリックする.

表示されるメッセージ
始点を指示してください.
交点 A1 の面取り部の上側の点をクリックする.

表示されるメッセージ
終点を指示してください
交点 A3 の面取り部の下側の点をクリックする.

表示されるメッセージ
通過点又は, 間隔を指示してください.
X 座標 50mm 付近をクリックする.

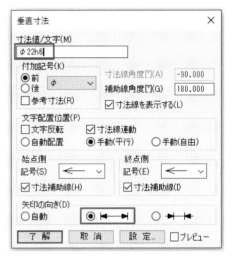

表示されるメッセージ
必要な項目を設定してください.
垂直寸法確認ダイアログが表示されるので,
寸法値 22 の前に直径記号 φ を追加し, 後にははめあい
公差 h6 を追記する. その他, 矢印の向きが外向き
矢印になっていることなどを確認し, ［了解］ボタンを押す.

表示されるメッセージ
配置点を指示してください.
中心線付近をクリックする.

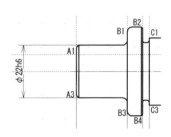

(b) 直径 37 のフランジ部の寸法を記入する

表示されるメッセージ
始点を指示してください.
交点 B1 のコーナーR の上側端点をクリックする.

表示されるメッセージ
終点を指示してください
交点 B3 のコーナーR の下側端点をクリックする.

表示されるメッセージ
通過点又は, 間隔を指示してください.
φ22 の寸法線の左側 10mm 付近をクリックする.

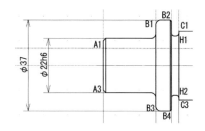

表示されるメッセージ

必要な項目を設定してください.

垂直寸法確認ダイアログが表示されるので，付加記号φが寸法値 37 の前に追加されていることなどを確認し，［了解］ボタンを押す.

表示されるメッセージ

配置点を指示してください.

中心線付近をクリックする.

(c) 直径 37 のフランジ部右側のくびれ部直径寸法（φ24）を記入する

表示されるメッセージ

始点を指示してください.

交点 H1 のコーナーR の下側端点をクリックする.

表示されるメッセージ

終点を指示してください

交点 H2 のコーナーR の上側端点をクリックする.

表示されるメッセージ

通過点又は，間隔を指示してください.

X 座標 115 付近をクリックする.

表示されるメッセージ

必要な項目を設定してください.

垂直寸法確認ダイアログが表示されるので，寸法値 24 の前に付加記号φを追加し，［了解］ボタンを押す.

表示されるメッセージ

配置点を指示してください.

中心線を避けた上側（下側でもよい）に配置する.

(d) 直径 28 の円筒部の直径寸法を記入する
- ■　［始点］は水平外形線 C1－C2 のどこでもよい.
- ■　［終点］は水平外形線 C3－C4 のどこでもよい.
- ■　［垂直寸法］確認ダイアログにおいては，以下を確認する
  - ● 寸法値 28 の前に付加記号φが追加されている（なければ追加する. 以下同様）
  - ● 寸法補助線は不要なので，垂直寸法確認ダイアログにおいてチェックを外しておく.
  - ● 寸法値の後にはめあい公差 h7 を追記する.

- 通過点は，φ24 の寸法線の 8〜10mm 程度右側をクリックする．
- 配置点は，中心線付近でよい（避けると記入スペースが窮屈になるなため）．

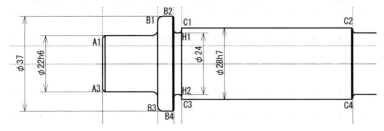

(e) 直径 24 の円筒部の直径寸法を記入する

- ［始点］は D2 を通る水平外形線のどこでもよい．
- ［終点］は D4 を通る水平外形線のどこでもよい．
- 通過点は，交点 C2 の 10mm 程度右側をクリックする．
- ［垂直寸法］確認ダイアログダイアログにおいては，以下を確認する
  - 寸法値 24 の前に付加記号 φ が追加されている．
  - 寸法補助線は不要なので，垂直寸法確認ダイアログにおいてチェックを外しておく．
  - 寸法値の後にはめあい公差 h6 を追記する．

- 配置点は，中心線付近でよい（避けると記入スペースが窮屈になるなため）．

(f) 交点 D2 の右側くびれ部直径寸法（φ18）を記入する

- ［始点］は交点 J1 のコーナーR 部の下側端点（最もくびれている部分）をクリックする．
- ［終点］は交点 J2 のコーナーR 部の上側端点（最もくびれている部分）をクリックする．1
通過点は，交点 D2 の 10mm 程度左側をクリックする．
- ［垂直寸法］確認ダイアログダイアログにおいては，以下を確認する
  - 寸法値 18 の前に付加記号 φ が追加されている．

- 配置点は，中心線を避けた上側（下側でもよい）に
  配置する．

(g) 軸の右端部の直径寸法を記入する

- ［始点］は交点 E2 の面取り部の上側の点をクリック
  する．
- ［終点］は交点 E4 の面取り部の下側の点をクリック
  する．
- ［通過点］は，X 座標 245 付近をクリックする．
- ［垂直寸法］確認ダイアログダイアログにおいては，
  以下を確認する
  - 寸法値 20 の前に付加記号 φ が追加されている．
  - 寸法値 20 の後にはめあい公差 h7 を追記する．
  - ［始点］側の記号を矢印から線［—］に変更する．
  - ［始点］側の［寸法補助線］のチェックを外す．

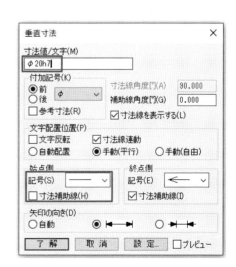

■ 配置点は，中心線付近でよい.

なお，寸法線の［始点］側（上側）矢印を描かないのは，キー溝のため実形状を表していないからである.

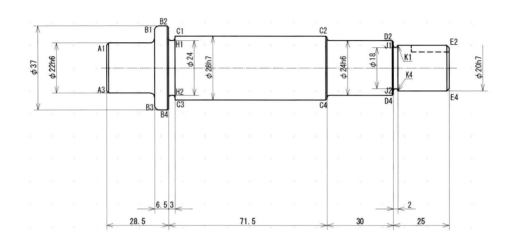

図 3-42　軸垂直寸法を記入し終えた状態

(4) 面取り，コーナーR 寸法を記入する

(a) 面取り寸法を記入する

A1 の面取り寸法を記入する.

［作図］－［寸法線］－［面取り寸法］をクリックする.

> 表示されるメッセージ

線分を選択してください.

A1 の面取り部をクリックする.

> 表示されるメッセージ

この図形を選択する(左ボタン)しない(右ボタン)

同時に，面取り寸法確認ダイアログが表示されるので，［はい］をクリックする.

> 表示されるメッセージ

終点を指示してください.

C1 の寸法表記が記載できる程度の寸法線長さ（8〜10mm 程度）になるよう，適切な点を指示する.

> 表示されるメッセージ

必要な項目を設定してください.

同時に，面取り寸法確認ダイアログが表示されるので［寸法値］が［C1］になっていることを確認し，［了解］をクリックする.

表示されるメッセージ

配置点を指示してください．

矢印に重ならない位置に配置する．

同様にして，B4，C2，D2，E4 の面取り部の寸法を記入する．

(b) コーナーR 寸法を記入する

B1 のコーナーR 寸法を記入する．

［作図］－［寸法線］－［角丸め寸法］をクリックする．

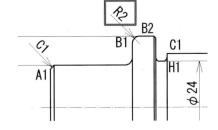

表示されるメッセージ

円/円弧を選択してください．

B1 のコーナーR をクリックする．

表示されるメッセージ

長さ又は，長さ・角度を指示してください．

R2 の寸法表記が記載できる程度の寸法線長さ（8～10mm 程度）になるよう，適切な点を指示する．

表示されるメッセージ

必要な項目を設定してください．

同時に，角丸め寸法確認ダイアログが表示されるので，［寸法値］に［R2］が記入されていることを確認する．［矢印の向き］は［外向き矢印］を選択する．

［了解］ボタンをクリックする．

直径 22mm の円筒部の隅のコーナーR 寸法を記入する．

［作図］－［寸法線］－［半径寸法］をクリックする．

表示されるメッセージ

円/円弧を選択してください．

直径 22mm の円筒部の隅のコーナーR（R2）をクリックする．

表示されるメッセージ

方向点，又は角度を指示してください．

R2 の円弧の中心とは反対側にカーソルを持って行き，クリックする．クリックした位置と円弧の中心を結ぶ線が寸法線の方向になる．

表示されるメッセージ

終点を指示してください．

円弧の中心側にカーソルを移動し，寸法線の長さを決定する．

表示されるメッセージ

必要な項目を設定してください．

寸法値の前に［R］が負荷されていることを確認し，［了解］ボタンをクリックする．

表示されるメッセージ

配置点を指示してください.

半径寸法 R2 の位置を決めてクリックする.

同様にして，G1，H2，D3，J1 のコーナーR 寸法を記入する（コーナーR 部の名称については，図 3-34 参照のこと）.

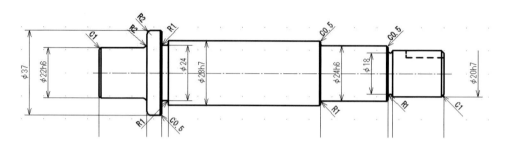

図 3-43　面取り，コーナーR 寸法記入状態

(5) キー溝の断面図寸法を記入する

(a) 切断線の記入

切断線は中心線と同じく一点鎖線を用いるため，以下のようにレイヤを切り替える.

［多機能ビュー］の「作図レイヤ」タブで，ペンマークをレイヤ3の［中心線］に切り替えるとともに，［作図切替］ツールバーの「線種」を［一点長鎖線］に，［線幅］を［極細］にする.

［作図］－［線分］－［線分］をクリックする.

表示されるメッセージ

始点を指示してください.

キー溝長さ 17 の中央で，軸の右端部の上側 3mm 付近をクリックする.

表示されるメッセージ

終点又は，長さ・角度を指示してください.

始点を指示した後，そのままカーソルを下げてダイナミック補助線を利用しながら，始点と同一のX座標で軸の右端部の下側 3mm 付近をクリックする.

切断線端部の太線部分（実際には線幅は［中線］）を作成する．

ペンマークをレイヤ1の外形線に戻し，「線種」を［実線］に，［線幅］を［中線］にする．

表示されるメッセージ

始点を指示してください．

上記で作成した一点鎖線の上端をクリックする．

表示されるメッセージ

終点又は，長さ・角度を指示してください．

始点を指示した後，そのままカーソルをあげてダイナミック補助線を利用しながら，始点と同一の X 座標で始点の上側 5mm 付近をクリックする．

同様にして，中心線の下側にも長さ 5mm 程度の太線部分を作成する．

(b) 切断方向矢印，切断箇所文字の記入

［作図］－［引出線］－［引出線］をクリックする．

表示されるメッセージ

始点を指示してください．

上記で作成した太線（上側でも下側でもどちらでもよい）の中央付近をクリックする．

表示されるメッセージ

通過点を指示してください．

始点を指示したカーソルをそのまま右方向へ移動し，ダイナミック補助線を利用しながら始点と同一の Y 座標で始点から 5mm 程度の長さの点でクリックする．

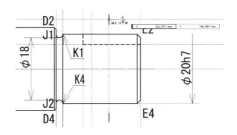

表示されるメッセージ

終点又は，角度を指示してください．

通過点を指示したカーソルを動かさず，そのままクリックする．

表示されるメッセージ

必要な項目を設定してください．

同時に引出線確認ダイアログが表示されるので文字列に［A］を記入し，［了解］ボタンをクリックする．

配置点を指示してください.

上記で指示した［終点］のすぐ右側に
切断箇所文字を配置する.

残りの太線部分についても切断箇所文字
［A］を配置する.

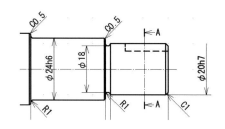

(c) キー溝の断面図寸法を記入する

キー溝の底部寸法を記入する.

［作図］－［寸法線］－［垂直寸法］をクリックする.

表示されるメッセージ

始点を指示してください.

垂直な中心線と円の下側との交点をクリックする.

表示されるメッセージ

終点を指示してください

キー溝底部の左側端点をクリックする.

表示されるメッセージ

通過点又は，間隔を指示してください.

X座標275付近をクリックする.

表示されるメッセージ

必要な項目を設定してください.

垂直寸法確認ダイアログが表示されるので，寸法値17が入力されていることを確認し，［了解］
ボタンをクリックする.

表示されるメッセージ

配置点を指示してください.

寸法公差を記入するために寸法線の下側に寄せて寸法値
［17］を配置する.

寸法公差を記入する.

［作図］－［寸法線］－［公差文字］をクリックする.

表示されるメッセージ

文字列を選択してください.

寸法値［17］をクリックする.

表示されるメッセージ

必要な項目を設定してください．

公差文字確認ダイアログが表示されるので，

［最大許容寸法］に［0］，［最小許容寸法］に［-0.1］を

入力し，［付加］ボタンをクリックする．

配置を調整したい場合は，

「編集」－［寸法線編集］－［寸法値修正］をクリックして調整できる．

表示されるメッセージ

寸法を選択してください．

表示されるメッセージ

通過点を指示してください（Enter キー変更しない）

変更しないので，Enter キーを押す．

（CR）

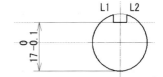

表示されるメッセージ

必要な項目を設定してください．

寸法値修正ダイアログが表示されるが，表示を確認してそのまま［了解］ボタンをクリックする．

表示されるメッセージ

配置点を指示してください．

カーソルの位置を上下して公差付きの寸法値の配置を調整する．

キー溝の幅寸法を記入する．

［作図］－「寸法線」－［水平寸法］をクリックする．

表示されるメッセージ

始点を指示してください．

キー溝の側壁と軸の交点 L1 をクリックする．

表示されるメッセージ

終点をクリックしてください．

キー溝の側壁と軸の交点 L2 をクリックする．

表示されるメッセージ

通過点又は，間隔を指示してください．

Y 座標 195 付近をクリックする．

表示されるメッセージ

必要な項目を設定してください．

水平寸法確認ダイアログが表示されるので，寸法値5の後にはめあい公差N9を追記する．矢印の向きが内向き矢印になっていることを確認して［了解］ボタンをクリックする．

配置点を指示してください．
寸法線の左側矢印の外側に寸法値［5N9］を配置する．

断面図の断面箇所（A−A）を記入する．
［作図］−［文字］−［文字］をクリックする．

必要な項目を設定してください．
同時に［文字］確認ダイアログが表示されるので，［文字列］に
［A−A］を入力して［了解］ボタンを押す．

基準点を指示してください．
軸断面図下端から下側に5mm程度下がった中心線上の点をクリックする．
右クリックメニューから［コマンド終了］をクリックする．

軸の作図，断面図を記入し終えた状態を以下に示す．
補助線は消去し，軸の全長をカッコつき寸法で追記した．

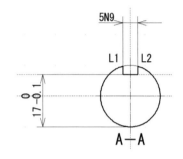

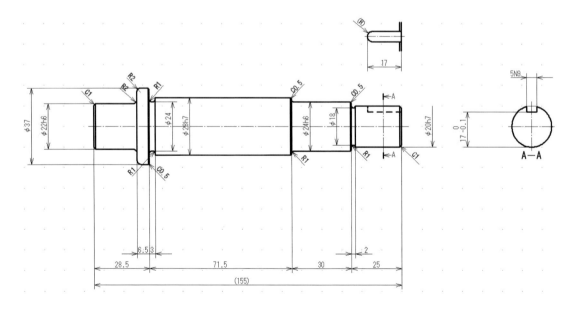

図 3-44　軸の作図，断面図記入終了状態

　ここから，表面性状および幾何公差を記入していく．

3.4.5　表面性状を記入する

　表面性状は，製品の幾何特性仕様（GPS）の1つであり，JIS B 0031：2003 表面性状の図示方法として規定されている．他にも，JIS B 0601：2001 および 2013，JIS B 0631：2000 等で輪郭曲線方式について規定されているが，本書では表面粗さの図示方法を中心にその要点を抜粋して説明する．その他，詳細は，関連規格，参考文献等を参照されたい．

(1) 表面性状の図示記号

(a) 基本の図示記号

(b) 要求事項を指示する場合の図示記号

(c) 表面性状の要求事項の指示位置

表面性状の図示記号における表面性状の要求事項の指示位置は，図 3-45 による．

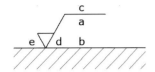

図 3-45　表面性状の要求事項を指示する位置

  a：通過帯域または基準長さ，表面性状パラメータとその値（表面粗さ）

  b：複数パラメータが要求されたときの 2 番目以降の パラメータ指示

  c：加工方法

  d：筋目とその方向

  e：削り代

(2) 表面性状の図示方法

(a) 図示記号の指示位置および向き

 表面性状の図示記号は，対称面に接するように図面の下辺または右辺から読めるように指示する．

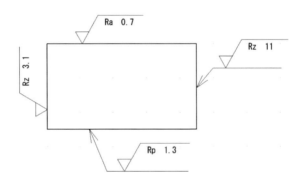

図 3-46　表面性状の要求事項の向き

(b) 外形線または引出線・引出補助線に指示する場合

 図示記号は，外形線またはその延長線に接するか，対象面から引き出された引出線に接するように記入する．また同一記号を隣接する 2 箇所に指示する場合には，矢印を分岐して記入してよい．

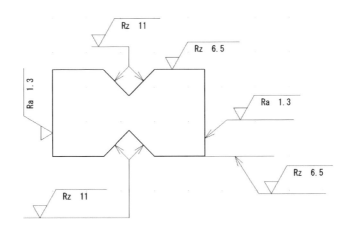

図 3-47　表面を表す外形線上に指示した表面性状の要求事項

(3) 軸図面への表面性状の記入

図 3-44 の軸の図面，断面図へ表面性状を記入していく．

最初に表面性状記入に先立って，環境を設定する．

［設定］−［記号設定］をクリックする．

［記号設定］ダイアログが表示されるので，［面指示記号］タブをクリックし，以下を設定する．

- 日本語フォント：MS ゴシック
- 文字高：2.5
- 文字幅：2.5
- ［記号高さを指定する］にチェックを入れ，記号高さ：3.5 を記入する．
- ［線長長さを指定する］にチェックが入っていることを確認

(a) 表面性状の要求事項の簡略表示

作図中の軸は，大部分に同じ表面性状が要求されるため，軸の上部にその要求事項を指示して簡略表示を採用する．

［作図］−［記号］−［面指示記号］をクリックする．

表示されるメッセージ

必要な項目を設定してください

同時に図面指示記号設定ダイアログが表示されるので，以下の設定を行う．

- ［除去加工］：［必要］
- ［パラメータ］：［パラメータあり］の 1 段目にチェックを入れる．
- ［パラメータ］の値に［Ra 6.3］を記入する．
- ［加工方法］：［L］を入力する．（［L］は旋削を意味する）．
- ［記号配置位置］：［自由配置］を選ぶ．

設定終了後，［了解］ボタンをクリックする．

図 3-48　表面性状記入環境設定

配置点を指示してください..

画面下の［座標ツールバー］に表示されているカーソルの座標を見ながら，X 座標 80，Y 座標 230 付近をクリックする.

表示されるメッセージ

節点を入力してください.

図示記号の三角形の下側頂点から Y 座標で 8mm 程度上側の点付近をクリックする.

表示されるメッセージ

終点を指示してください.

指示記号の横線の長さは，指示する要求事項の長さに合わせればよいが，本図では節点から 12〜13mm 程度右側を指示すればよい.

右クリックメニューから［コマンド終了］を選ぶ.

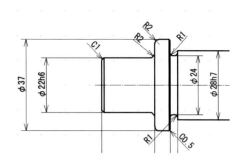

続いて基本図示記号を表示するための両カッコを記入する.
最初に文字設定でフォントサイズを大きくする.
［設定］－［文字設定］をクリックする.

表示されるメッセージ

必要な項目を設定してください.
同時に文字設定ダイアログが表示されるので，以下の設定を行う.

- 文字高：12
- 文字幅：12
- 文字フォント：図脳フォント 2004

［了解］ボタンをクリックする.

［作図］－［文字］－［文字］をクリックする.

表示されるメッセージ

必要な項目を設定してください.
同時に［文字］確認ダイアログが表示されるので，［文字列］欄に全角の両カッコ［()］を間にスペースを入れずに入力する.

［了解］ボタンをクリックする.

表示されるメッセージ

基準点を指示してください.

表面性状の図示記号の右側に両カッコを配置する.

記入終了後，文字設定ダイアログをもとに戻しておく.
右クリックメニューから［コマンド終了］を選ぶ.

続いて基本図示記号を記入する.
　［作図］－［記号］－［面指示記号］をクリックする.

必要な項目を設定してください
同時に図面指示記号設定ダイアログが表示されるので，以下の設定を行う.

- ● ［除去加工］：［要否問わず］
- ● ［パラメータ］：［パラメータなし］にチェックを入れる.
- ● ［加工方法］：チェックを外す.

設定終了後，［了解］ボタンをクリックする.

基準点を指示してください.
カッコ内の適切な位置に配置する.

節点を入力してください.
カッコ内に収まる適切な高さを指示する.

右クリックメニューから［コマンド終了］を選ぶ.

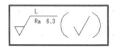

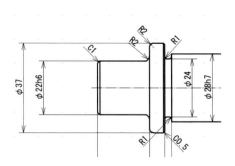

(b) 軸本体および断面図への表面性状記入

部分的に異なった表面性状として，軸本体に 1 箇所，断面図に 1 箇所の指示記号を記入する.

［作図］－［記号］－［面指示記号］をクリックする.

表示されるメッセージ

必要な項目を設定してください

同時に図面指示記号設定ダイアログが表示されるので，以下の設定を行う.

- ［除去加工］:［必要］
- ［パラメータ］:［パラメータあり］の 1 段目にチェックを入れる.
- ［パラメータ］の値に［Ra 1.6］を記入する.
- ［加工方法］:［G］を入力する.（［G］は研削を意味する）.

設定終了後，［了解］ボタンをクリックする.

表示されるメッセージ

面指示記号付加要素を選択してください.

直径 28mm の円筒部の上側の水平外形線をクリックする.

表示されるメッセージ

配置点を指示してください.

X 座標 135 付近をクリックする.

表示されるメッセージ

節点を入力してください.

図示記号の高さが 8mm 程度になるよう指示する.

表示されるメッセージ

終点を指示してください.

指示記号の横線の長さが節点から 12～13mm 程度の長さになるようにクリックする.

右クリックメニューから［コマンド終了］を選ぶ.

断面図に指示記号を記入するための引出線を作成する.

［多機能ビュー］の「作図レイヤ」タブで，ペンマークをレイヤ1の［外形線］に切り替えるとともに，［作図切替］ツールバーの「線種」を［実線］に，［線幅］を［極細］にする.

［作図］－［引出線］－［引出線］をクリックする.

始点を指示してください.
断面図のキー溝の幅寸法の左側寸法補助線の上端付近をクリックする.

通過点を指示してください.
始点から角度 65°，長さ 12mm 付近の点をクリックする.

終点又は，角度を指示してください.
水平に長さ 10mm 程度右側の点をクリックする.

必要な項目を設定してください.
引出線確認ダイアログが表示されるので，文字列に何も記入されていないことを確認し，
［了解］ボタンをクリックする.

次に右側の寸法補助線からの引出線を記入する.

始点を指示してください.
断面図のキー溝の幅寸法の右側寸法補助線の上端付近をクリックする.

通過点を指示してください.
垂直中心線上端にカーソルを合わし，表示されるダイナミック
補助線と，先に作成した引出線との交点をクリックする.

終点又は，角度を指示してください.
カーソルを動かさず，通過点をもう一度クリックする.

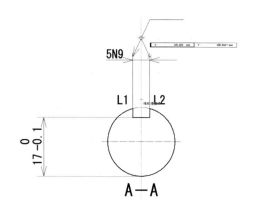

表示されるメッセージ

必要な項目を設定してください．

引出線確認ダイアログが表示されるので，文字列に何も記入されていないことを確認し，[了解] ボタンをクリックする．

右クリックメニューから［コマンド終了］を選ぶ．

作成した引出線に表面性状の図示記号を記入する．

［作図］－［記号］－［面指示記号］をクリックする．

表示されるメッセージ

必要な項目を設定してください

同時に図面指示記号設定ダイアログが表示されるので，以下の設定を行う．

- ［除去加工］：［必要］
- ［パラメータ］：［パラメータあり］の 1 段目にチェックを入れる．
- ［パラメータ］の値に［Ra 3.2］を記入する．
- ［加工方法］：チェックを外す．

設定終了後，［了解］ボタンをクリックする．

表示されるメッセージ

面指示記号付加要素を選択してください．

指示記号の横線をクリックする．

表示されるメッセージ

配置点を指示してください．

横線の左寄りをクリックする．

表示されるメッセージ

節点を入力してください．

図示記号の高さが 8mm 程度になるよう指示する．

終点を指示してください.

指示記号の横線の長さが節点から 12〜13mm 程度の長さになるようにクリックする.

右クリックメニューから［コマンド終了］を選ぶ.

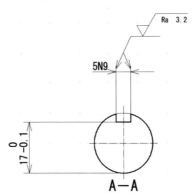

続いて，キー溝の加工底面に表面性状を記入する.

　［作図］－［記号］－［面指示記号］をクリックする.

必要な項目を設定してください

同時に図面指示記号設定ダイアログが表示されるので，以下の設定を行う.

- ●　［除去加工］：［必要］
- ●　［パラメータ］：［パラメータあり］の 1 段目にチェックを入れる.
- ●　［パラメータ］の値に［Ra 3.2］を記入する.
- ●　［加工方法］：チェックを外す.

設定終了後，［了解］ボタンをクリックする.

表示されるメッセージ

面指示記号付加要素を選択してください.

キー溝の高さ方向寸法 17 の上側寸法補助線をクリックする.

表示されるメッセージ

配置点を指示してください.

寸法補助線の左寄りをクリックする.

表示されるメッセージ

節点を入力してください.

図示記号の高さが 8mm 程度になるよう指示する.

表示されるメッセージ

終点を指示してください.

指示記号の横線の長さが節点から 12〜13mm 程度の長さになるようにクリックする.

右クリックメニューから［コマンド終了］を選ぶ.

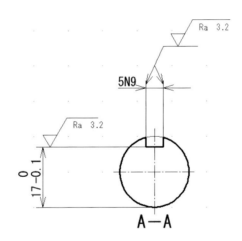

3.4.6 幾何公差を記入する

(1) データム記入準備

記入に先立って，記号設定を行う．

［設定］－［記号設定］をクリックする．

［記号設定］ダイアログが表示されるので，［データム記号］タブをクリックし，以下を設定する．

- 記号サイズ(mm)用紙上：4
- 文字フォント：MS ゴシック
- 文字高[mm]：4
- 文字幅[mm]：4

［了解］ボタンをクリックする．

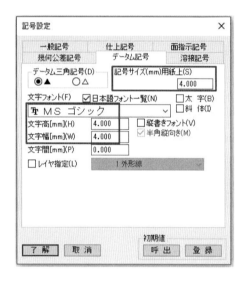

なお，データムは，直径 28mm の円筒の幾何公差記入枠に置くため，ここではまだ記入しない．

(2) 幾何公差の記入

幾何公差の記入に先立って，記号設定を行う．

［設定］－［記号設定］をクリックする．

［記号設定］ダイアログが表示されるので，［幾何公差記号］タブをクリックし，以下を設定する．

- 文字フォント：MS ゴシック
- 文字高[mm]：3.5
- 文字幅[mm]：3.5
- 矢印長さ：3

［了解］ボタンをクリックする．

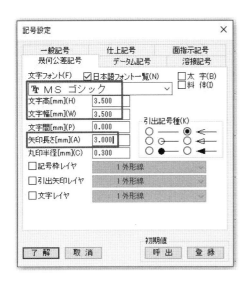

直径 28mm の円筒に幾何公差記号を記入する．

［作図］－［記号］－［幾何公差記号］をクリックする．

表示されるメッセージ

必要な項目を設定してください．

同時に，幾何公差記号設定ダイアログが表示されるので，［公差種類］の真直度を選択する．

［データム指示］は［0］であることを確認し，［了解］ボタンをクリックする．

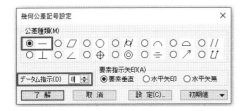

表示されるメッセージ

幾何公差記号付加要素を選択してください．

円筒の下側水平線をクリックする．

表示されるメッセージ

必要な項目を設定してください．

同時に，［公差値/データム入力］確認ダイアログが表示されるので，［公差値］欄に［0.05 Ⓜ］を入力し，［了解］ボタンをクリックする．Ⓜは最大実体公差方式の付加記号である．

配置点を指示してください.

X座標130, Y座標135付近をクリックする.

引出点を入力してください.

直径28の円筒の寸法線の下側の矢印先端をクリックする.

　［真直度］の幾何公差指示が終了した.

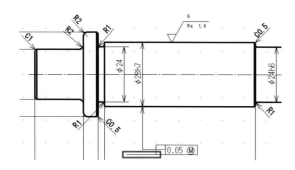

　この段階で, データムを記入するが, データム記号付加要素として公差記入枠は選べないため, ［真直度］の公差記入枠の下端と同じ高さで水平線を引いておく. この水平線は, データム記入後削除する.

　［作図］－［記号］－［データム記号］をクリックする.

データム記号付加要素を選択してください.

　［真直度］公差記入枠の下端と同じ高さに引かれた水平線をクリックする.

　必要な項目を設定してください.

　同時に, ［データム文字記号］確認ダイアログが表示されるので, ［データム文字記号］欄にAを記入し, ［了解］ボタンをクリックする.

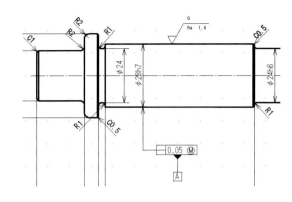

表示されるメッセージ
配置点を指示してください．
X座標140付近をクリックする．

表示されるメッセージ
引出点を入力してください．
Y座標125付近の点をクリックする．

表示されるメッセージ
引出点を入力してください．
再度，引出点の入力を求められるがEnterキーを押す．
（CR）
データムが指示された．

公差記入枠の下端と同じ高さに引かれた水平線を削除する．

続いて，直径37mmのフランジ部の幾何公差を入力する．
記入に先立って，引出線を作成する．
［作図］－［線分］－［線分］をクリックする．

表示されるメッセージ
始点を指示してください．
直径37mmのフランジ部の上側交点B2の面取り部の下端（X座標103.5）をクリックする．

表示されるメッセージ
終点又は，長さ・角度を指示してください．
始点からまっすぐ上にカーソルを移動し，ダイナミック補助線上でY座標220付近の点をクリックする．

［作図］－［記号］－［幾何公差記号］をクリックする．

表示されるメッセージ
必要な項目を設定してください．
同時に，幾何公差記号設定ダイアログが表示されるので，［公差種類］は［円周振れ］を選択する．データム指示は［1］を入力する．要素指示矢印は［水平矢印］を選択する．
［了解］ボタンをクリックする．

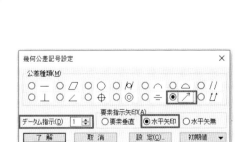

表示されるメッセージ

幾何公差記号付加要素を選択してください.

上記で作成した垂直な引出線をクリックする.

表示されるメッセージ

必要な項目を設定してください.

同時に,［公差値/データム入力］確認ダイアログが表示
されるので,［公差値］に［0.1］を入力する.

［データム文字 1］は［A］を選択する.

［了解］ボタンをクリックする.

表示されるメッセージ

配置点を指示してください.

X 座標 120,Y 座標 215 付近をクリックする.

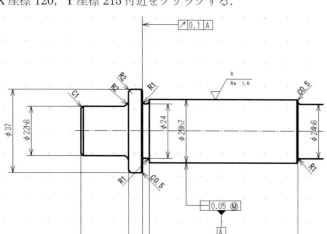

［円周振れ］の幾何公差が指示された.

続いて,形状公差である［平面度］を記入する.

［作図］－［記号］－［幾何公差記号］をクリックする.

表示されるメッセージ

必要な項目を設定してください.

同時に,幾何公差記号設定ダイアログが表示されるので,

［公差種類］は［平面度］を選択する.要素指示矢印は

［水平矢印］を選択する.データム指示は［0］であることを
確認する.

［了解］ボタンをクリックする.

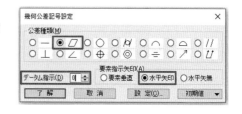

表示されるメッセージ

幾何公差記号付加要素を選択してください．
上記で作成した垂直な引出線をクリックする．

表示されるメッセージ

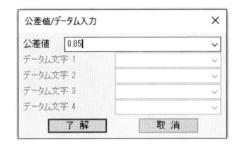

必要な項目を設定してください．
同時に，［公差値/データム入力］確認ダイアログが表示
されるので，［公差値］に［0.05］を入力する．
［了解］ボタンをクリックする．

表示されるメッセージ

配置点を指示してください．
［円周振れ］の公差記入枠の左端付近をクリックする．

［平面度］の幾何公差が指示された．
右クリックメニューから［コマンド終了］を選ぶ．

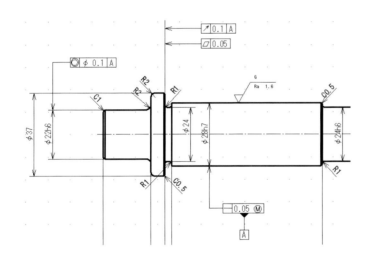

　本来であれば，幾何公差の複数の特性を設定する場合は，下図のように公差記入枠を離さずに並べて
1本の指示線で指示すべきであるが，図脳 RAPIDPRO の現在のバージョン（図脳 RAPIDPRO21）は，
そのような記入方法に対応していない．そのため，上図のように別々の指示線で［円周振れ］と［平面
度］を指示することとする．

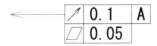

最後に，直径 22mm と直径 24mm の円筒部に位置の公差である［同軸度］を記入する．

　　［作図］－［記号］－［幾何公差記号］をクリックする．

　　表示されるメッセージ

　　必要な項目を設定してください．
　　同時に，幾何公差記号設定ダイアログが表示される
ので，［公差種類］は［同軸度］を選択する．
データム指示は［1］を入力する．要素指示矢印は
［要素垂直］を選択する．
　　［了解］ボタンをクリックする．

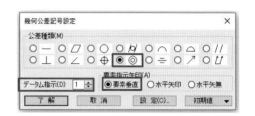

　　表示されるメッセージ

　　必要な項目を設定してください．
　　同時に，［公差値/データム入力］確認ダイアログが表示
されるので，［公差値］に［0.1］を入力する．
　　［了解］ボタンをクリックする．

　　表示されるメッセージ

　　配置点を指示してください．
　　X 座標 60，Y 座標 200 付近をクリックする．

　　表示されるメッセージ

　　引出点を入力してください．
　　［φ22h6］の寸法線の上側の矢印先端をクリックする．

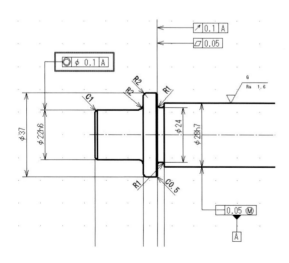

直径 22mm の円筒部に［同軸度］の幾何公差が指示された．

　引き続き，幾何公差記号設定ダイアログが表示されるので，そのまま［了解］ボタンをクリックする．

　表示されるメッセージ
　配置点を指示してください．
　X 座標 190，Y 座標 200 付近をクリックする．

　表示されるメッセージ
　引出点を入力してください．
　［φ24h6］の寸法線の上側の矢印先端をクリックする．

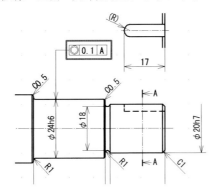

　直径 24mm の円筒部に［同軸度］の幾何公差が指示された．

　軸の作図が完了した．なお，センタ穴記号（JIS B 0041）については，記入を省略した（製造側一任）．

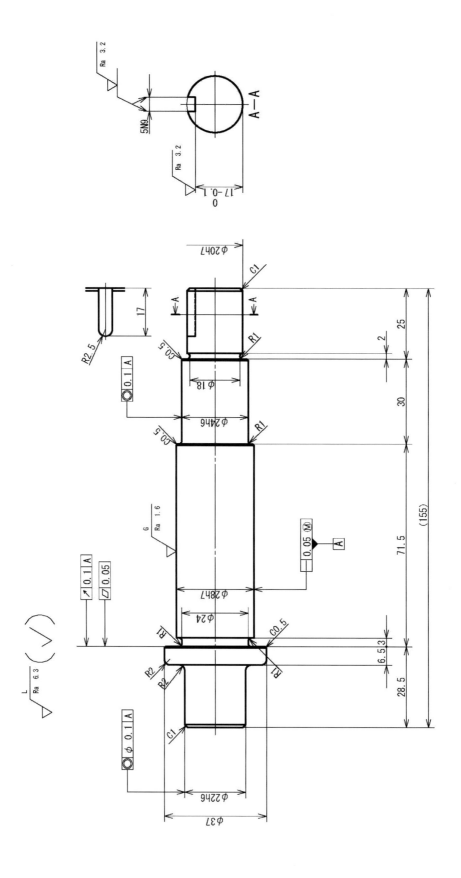

参考文献

1) 山田　学：図面ってどない描くねん！　現場設計者が教えるはじめての機械製図
   日刊工業新聞社（2014）

2) 栗山　晃治ほか　設計者は図面で語れ！　ケーススタディで理解する公差設計入門
   日刊工業新聞社（2017）

3) 上松　育三ほか　初心者のための機械製図（第 5 版）森北出版株式会社（2020）

4) 栗山　弘　設計のムダ取り　公差設計入門　日経 BP マーケティング（2017）

5) 栗山　晃治ほか　設計者は図面で語れ！　ケーススタディで理解する幾何公差設計入門
   日刊工業新聞社（2021）

6) 桑田　浩志　図面の新しい見方・読み方　改訂 3 版　日本規格協会（2015）

7) 堀　幸夫ほか　新編　JIS 機械製図　森北出版株式会社（1977）

8) 八木　秀次ほか　よくわかる機械設計　改訂版　ふくろう出版（2013）

9) 大西　清　基礎製図（第 6 版）　株式会社 オーム社（2020）

10) 図脳 RAPIDPRO20 ステップアップガイド　株式会社　フォトロン（2020）

11) 大林　利一　幾何公差ハンドブック　図例で学ぶ―ものづくりの世界標準ルール
    日経 BP 社（2008）

12) 桑田　浩志ほか　JIS 使い方シリーズ　機械製図マニュアル［第 4 版］
    日本規格協会（2010）

13) 桑田　浩志　ISO・JIS 準拠　ものづくりのための寸法公差方式と幾何公差方式
    日本規格協会（2007）

14) JIS B 0001：2019　機械製図　一般財団法人　日本規格協会

15) JIS B 0021：1998（2018 確認）　製品の幾何特性仕様（GPS）―幾何公差表示方式―形状，
    姿勢，位置及び振れの公差表示方式　日本規格協会

16) JIS B 0022：1984（2019 確認）　幾何公差のためのデータム　日本規格協会

17) JIS B 0023：1996（2020 確認）　製図―幾何公差表示方式―最大実体公差方式及び最小実体公
    差方式　日本規格協会

18) JIS B 0029：2000（2019 確認）　製図―姿勢及び位置の公差表示方式―突出公差域
    日本規格協会

19) JIS B 8317-1：2008（2017 確認）　製図―寸法及び公差の記入方法―第 1 部：一般原則
    日本規格協会

20) JJIS B 0401-1：2016（2020 確認）　製品の幾何特性仕様（GPS）―長さに関わるサイズ公差の
    ISO コード方式―第 1 部：サイズ公差，サイズ差及びはめあいの基礎　日本規格協会

【著者略歴】

橋口　政弘（はしぐち まさひろ）

同志社大学工学部電気工学科および横浜国立大学工学部機械工学科卒業．本田技術研究所およびホンダエンジニアリングにて，量産車の設計・開発，生産技術開発等に従事．2010 年に独立，設計・開発・生産技術コンサルタントとして活動中．橋口コンサルティングオフィス 代表．技術士（機械部門）．

図脳RAPIDPRO　機械製図

2023 年 11 月 8 日　初版発行

著　　者　　橋口　政弘

発　　行　　ふくろう出版
〒700-0035　岡山市北区高柳西町 1-23
友野印刷ビル
TEL：086-255-2181
FAX：086-255-6324
http://www.296.jp
e-mail：info@296.jp
振替　01310-8-95147

印刷・製本　　友野印刷株式会社
ISBN978-4-86186-891-7　C3053　ⒸHASHIGUCHI Masahiro 2023
定価はカバーに表示してあります。乱丁・落丁はお取り替えいたします。